广西地方畜禽品种

GUANGXI DIFANG XUQIN PINZHONG

苏家联　陈家贵　廖玉英　主编

中国农业科学技术出版社

图书在版编目（CIP）数据

广西地方畜禽品种 / 苏家联，陈家贵，廖玉英主编 . -- 北京：中国农业科学技术出版社，2020.8

ISBN 978-7-5116-4933-1

Ⅰ.①广… Ⅱ.①苏… ②陈… ③廖… Ⅲ.①畜禽 – 种质资源 – 概况 – 广西 Ⅳ.① S813.9

中国版本图书馆 CIP 数据核字（2020）第 148775 号

责任编辑　周丽丽
责任校对　贾海霞

出 版 者　中国农业科学技术出版社
　　　　　北京市中关村南大街 12 号　邮编：100081
电　　话　（010）82105169（编辑室）　　（010）82109702（发行部）
　　　　　（010）82109709（读者服务部）
传　　真　（010）82106626
网　　址　http://www.castp.cn
经 销 者　各地新华书店
印 刷 者　北京建宏印刷有限公司
开　　本　710mm×1000mm　1/16
印　　张　11.5
字　　数　210 千字
版　　次　2020 年 8 月第 1 版　2020 年 8 月第 1 次印刷
定　　价　58.00 元

《广西地方畜禽品种》
编 委 会

主　编　苏家联　陈家贵　廖玉英

副主编　梁彩梅　廖　荣　黄光云

　　　　零达宇　黄英飞　黄春花

　　　　卿珍慧　钟　球

地方畜禽品种是自然和人类社会长期选择形成的种质资源，是生物多样性的重要组成部分，是畜牧业可持续发展的物质基础，在经济社会中具有重要作用，关系到人类社会、国民经济和食物安全。地方畜禽品种是不可再生的珍贵自然资源，同时也是国家重大战略性基础资源。了解地方畜禽品种、保护地方畜禽品种对于促进畜牧业可持续发展、满足人类多样化需求具有重要意义。

广西地处低纬度地区，在太阳辐射、大气环流和地理环境的共同作用下，形成了热量丰富、雨热同季，降水充沛、干湿分明、日照适中、夏长冬短的气候特征。充足的水热资源为各种植物生长提供了有利条件，丰富的饲料资源和相对封闭的自然环境造就了广西独特的地方畜禽品种的多样性。

本书的主要资料来源为第二次全国畜禽遗传资源调查以及后续调查取得的资料，由于部分地方品种数量较少以及尚未经过国家级鉴定，前期出版的《广西畜禽遗传资源志》未能收录，本书在前期调查资料的基础上进行了补充整理和收录。由于资料有限，广西仍有不少独具特色的地方畜禽品种，如隆林菜花鸡、防城港光坡鸡、贺州南乡麻鸭、罗城熊掌豹猪、三江梅林黑猪、东兰黑香猪、七百弄山羊、七百弄鸡、地灵花猪等未能收录。

保护地方畜禽品种的目的既是保护生物多样性的需要，也是开发利用的需要，地方畜禽品种具有优良的特异性，是培育畜禽新品种（配套系）不可缺少的素材。截至 2020 年 6 月，由广西畜禽育种企业培育的已通过国家审定的具有自主知识产权的畜禽新品种（配套系）已达 13 个：良凤花鸡（2009）、金陵麻鸡（2009）、金陵黄鸡（2009）、凤翔青脚麻鸡（2011）、凤翔乌鸡（2011）、龙宝 1 号猪（2013）、桂凤二号肉鸡（2014）、金陵花鸡（2015）、黎村黄鸡（2016）、鸿光黑鸡（2016）、参皇鸡 1 号（2016）、鸿光麻鸡（2018）、金陵黑凤鸡（2019）。还有一批畜禽新品种（配套系）正在培育中。

　　《广西地方畜禽品种》作为实施广西创新驱动发展专项资金项目"广西畜禽种质资源的收集、评价与鉴定"所属"广西畜禽品种种质资源调查及信息平台构建"课题的成果之一，共收录了广西地方畜禽品种37个：猪7个（陆川猪、环江香猪、巴马香猪、东山猪、桂中花猪、隆林猪、德保猪）、水牛2个（富钟水牛、西林水牛）、黄牛3个（隆林黄牛、南丹黄牛、涠洲黄牛）、马2个（百色马、德保矮马）、羊2个（隆林山羊、都安山羊）、鸡11个（广西三黄鸡、霞烟鸡、南丹瑶鸡、灵山香鸡、里当鸡、东兰乌鸡、凌云乌鸡、龙胜凤鸡、峒中矮鸡、灵山彩凤鸡、金秀圣堂鸡）、鸭7个（靖西大麻鸭、广西小麻鸭、融水香鸭、龙胜翠鸭、东兰鸭、全州文桥鸭、大新珍珠鸭）、鹅2个（右江鹅、合浦鹅）、特禽1个（天峨六画山鸡）。

　　本书系统阐述了每个地方畜禽品种的原产地及分布、品种体型外貌特征、体尺体重、生产性能及肉质性状等主要内容，每个地方畜禽品种均配了彩色照片，为广西地方畜禽品种资源的宣传、保护和利用提供参考资料。

　　本书编写力求做到科学性和资料性的统一，但限于资料、条件和水平，缺点和不妥之处在所难免，衷心希望广大读者不吝指正和赐教。

编　者

2020 年 6 月

•●● Contents 目 录

陆 川 猪

一、产地及分布

陆川猪（Luchuan pig）因产于广西壮族自治区东南部的陆川县而得名，在陆川县境内各地均有分布，中心产区为大桥镇、乌石镇、清湖镇、良田镇、古城镇5个镇。为脂肪型小型品种。

二、体型外貌

全身被毛短、细、稀疏，颜色呈一致性黑白花，其中头、前颈、背、腰、臀、尾为黑色，额中多有白毛，其他部位，如后颈、肩、胸、腹、四肢为白色，黑白交界处有4～5 cm灰黑色带。鬃毛稀而短，多为白色。肤色粉红色。陆川猪属小型脂肪型品种，头短中等大小，颊和下鄂肥厚，嘴中等长，上下唇吻合良好，鼻梁平直，面略凹或平直，额较宽，有"丫"形或棱形皱纹，中间有白毛，耳小直立略向前向外伸；颈短，与头肩结合良好；脚矮、腹大、体躯宽深，体长与胸围基本相等，

陆川猪　公猪

整个体型是矮、短、宽、圆、肥。胸部较深，发育良好；背腰较宽而多数下陷，腹大下垂常拖地；臀短而稍倾斜，大腿欠丰满，尾根较高，尾较细；四肢粗短健壮，有很多皱褶，蹄较宽，蹄质坚实，前肢直立，左右距离较宽，后肢稍弯曲，多呈卧系。成年母猪的平均乳头（13.76±0.67）个，乳头间距较宽，乳房结构合理，乳腺发育良好。

陆川猪　母猪

三、体尺、体重

陆川猪原种场调查测量 6 月龄以上的陆川猪公猪及 3 胎以上的陆川猪母猪的体尺及体重，结果如表 1 所示。

表 1　陆川猪体尺、体重

性别	平均月龄	平均体重（kg）	平均体高（cm）	平均体长（cm）	平均胸围（cm）	平均尾长（cm）
公猪	33.20±10.31	79.32±18.61	54.83±5.13	110.80±9.79	107.20±12.87	28.91±2.97
母猪	37.20±13.10	78.52±6.38	53.72±2.18	111.73±4.48	107.43±5.25	25.90±3.27

四、生产性能

1. 繁殖性能

陆川猪是一个早熟品种，小公猪 21 日龄开始有爬跨行为，2 月龄睾丸组织有精子细胞，3 月龄已有少量成熟精子。1 月龄母猪的卵巢出现了初级卵泡，2 月龄出现了次级卵泡的早期阶段，4.5 月龄有少量成熟卵泡出现，5.5 月龄有少量卵子产生和排出。第一次发情平均日龄在（126.1±1.352）天。母猪初配年龄绝大部分在 5～8月龄，平均为（6.52±0.136 2）月龄，公猪的初配年龄是 5.5～8月龄，平均为（6.13±0.694）月龄。陆川猪的发情周期因年龄和营养状况而有不同。公猪平均 4 个月体重 35 kg 左右开始使用，一般利用 2～3 年，长的 4～5 年。母猪与外来品种公猪配种其利用年限一般 5～6 年，与陆川公猪配种的利用年限为 7～8 年。陆川猪母猪繁殖性能统计结果见表 2。

表 2　陆川猪母猪繁殖性能统计

窝均产仔数（头）	出生均重（g）	初生窝重（kg）	30 日龄平均窝重（kg）	断奶日龄（d）	仔猪断奶重（kg）	断奶仔猪成活数（头）	仔猪成活率（%）
12.76±0.23	570.85±21.51	7.79±0.179	30.63±3.41	35～40	6.14±0.63	11.45±0.16	89.70±0.88

2. 生长性能

广西陆川县良种猪场进行肉猪生长性能测定。所用配合料，每千克含消化能 13.15 MJ，可消化蛋白 85 g，初始体重 10～15 kg 开始，到 75～100 kg 结束，日增重 401～430 g（表 3）。根据育肥猪测定，陆川猪早期增重较快，后期缓慢，生长拐点在 8 月龄。对约 240 日龄肥育猪进行屠宰测定，宰前平均活重为（65.0±11.2）kg；平均胴体重、屠宰率、瘦肉率分别为（44.69±7.15）kg、69.09%±6.53%、41.37%±2.60%。结果如表 4 所示。

表 3　陆川猪育肥性能

试验天数	开始体重（kg）	结束体重（kg）	平均日增重（g）	每千克增重消耗	
				配合料（kg）	消化能（MJ）
160	11.5	75.62	430	4.32	56.81
205	15.6	103.75	401	4.51	59.31

表 4　陆川猪宰前体尺与屠宰性能

体尺（cm）	体长	90.31±7.20
	体高	48.24±4.71
	胸围	93.93±6.13
体重（kg）		64.05±10.25
胴体重（kg）		44.49±6.54
屠宰率（%）		69.74±5.80
胴体斜长（cm）		67.71±5.73

（续表）

眼肌面积（cm²）		15.61±3.09
膘厚（mm）	6～7肋	3.87±0.56
	十字部	2.66±0.49
	平均	3.24±0.47
6～7肋皮厚（mm）		0.44±0.08
左侧胴体组成（%）	瘦肉	40.58±2.71
	肥膘	37.35±3.95
	骨	8.51±1.05
	皮	11.79±1.41

五、肉质性状

8月龄左右陆川猪背最长肌的营养成分测定结果见表5。结果表明，陆川猪背最长肌脂肪含量高达7.75%，但变异范围大（3.7%～14.8%），这与屠宰体重、年龄和宰前膘情的差异有关。肌内脂肪含量受品种因素的影响，中国地方品种猪的肌内脂肪含量高于引进品种猪。普遍认为，肌内脂肪丰富是中国猪肉口感好的内在因素之一。

表5　陆川猪背最长肌的营养成分测定结果

部位	热量（kJ/100 g）	水分（%）	干物质（%）	蛋白质（%）	脂肪（%）	灰分（%）
背最长肌	656.81±103.24	69.96±2.57	30.04±2.57	21.21±1.12	7.75±2.92	1.06±0.07

环 江 香 猪

一、产区及分布

环江香猪中心产区为广西壮族自治区环江毛南族自治县东北部的明伦、东兴、龙岩3个乡（镇），邻近的驯乐乡和上朝镇有分布。

二、体型外貌

环江香猪体型矮小，体质结实，结构匀称。全身被毛乌黑细密，柔软有光泽，鬃毛稍粗，肤色深黑或浅黑，吻突粉红或全黑，有少数猪只的四脚、额、尾端有白毛，呈四白或六白特征。头部额平，有4～6条较深横纹。头型有两种类型，一种头适中，耳大稍下垂，嘴长略弯，颈薄；另一种嘴短，耳小，颈短粗。体躯有两种类型，一种体重为70～80 kg，身长，胸深而窄，背腰下凹，腹不拖地，四肢较粗壮；另一种体重为50～70 kg，身短圆丰满，脚矮，骨细，背腰较下凹，腹大拖地。前肢姿势端正，立系，后肢稍向前踏，蹄坚实。尾长过飞节。163头成年母猪和34头成年公猪的尾长分别为（27.07±2.98）cm 和（24.18±5.09）cm。2005年屠宰15头环江香猪统计，肋骨数（14.07±0.26）对。乳头10～14个，长短适中，粗而均匀，双列对称无盲乳和支乳。种公猪腹部稍扁平，睾丸匀称结实，很少下垂。

环江香猪　公猪

环江香猪　母猪

三、体尺、体重

规模养殖条件下环江香猪 18 月龄公猪平均体重 64.00 kg，体高 53.00 cm，体长 104.00 cm，胸围 103.00 cm。18 月龄母猪平均体重 108.50 kg，体高 55.28 cm，体长 115.57 cm，胸围 97.71 cm。而环江农村养殖的环江香猪 18 月龄公猪体重 36.82 kg，体高 45.00 cm，体长 89.00 cm，胸围 76.00 cm。18 月龄母猪平均体重 41.08 kg，体高 47.50 cm，体长 87.80 cm，胸围 81.20 cm。规模养殖所用的饲料是消化能为 11.3MJ/kg，可消化蛋白质 70 g/kg 的混合饲料，而农村用的是野菜喂养，因此以上两组数据相差较大。在乡村对 6 月龄公猪及成年母猪的体尺体重进行了实地测量，统计结果见表 1。

表 1　环江香猪体尺和体重

性别	年龄（月）	体高（cm）	体长（cm）	胸围（cm）	体重（kg）
公猪	6	47.44±9.87	92.78±21.16	80.76±17.37	43.94±24.59
母猪	成年	52.47±5.77	110.06±10.91	100.0±11.72	72.90±22.63

四、生产性能

1. 繁殖性能

环江香猪性早熟，公猪、母猪性成熟平均日龄分别为（89±5.63）天和（120±3.23）天；母猪初配年龄绝大部分在 5 ～ 6 月龄，平均（210±2.04）天；母猪发情周期平均

（17.86±2.76）天，变异系数为15.45%，发情持续期为3～4天、平均为（3.45±0.48）天；妊娠期平均（114.47±3.48）天，变异系数为3.04%；平均产后62.5天发情；母猪年产1.8～2.0胎，初产母猪每胎产仔5～7头，经产母猪每胎产仔7～9头，平均（7.83±1.73）头；平均窝产活仔数（7.13±0.23）头；平均初生窝重为（4.18±1.27）kg，变异系数为15.09%；仔猪平均出生重为（0.54±0.08）kg。根据35头经产母猪统计，母猪的泌乳力（以仔猪出生后20天时的窝重为代表）为（17.45±4.30）kg；一般断奶日龄为50～60日龄，断奶仔猪成活数为（7.14±1.73）头，环江香猪断奶体重为5.5～8.5 kg。

2. 屠宰性能

环江香猪以双月龄断奶仔猪为主要商品，体重在6～8 kg，屠宰率在55%左右，胴体瘦肉率50%左右，眼肌面积2.45 cm²，第6～7肋间膘厚1.03 cm。用含可消化能为11.3 MJ、可消化蛋白质83 g/kg的混合饲料进行试验，开始体重为11.61 kg，经199天饲养，体重可达80.25 kg，平均日增重为345 g。2002年、2005年和2007年分别对20头6月龄肉猪屠宰测定，平均宰前活重为（31.95±7.76）kg。平均胴体重、屠宰率、瘦肉率分别为（20.91±6.03）kg、（64.81±4.06）%、（47.49±5.17）%。6～7肋背部平均脂肪厚度为（2.57±0.75）cm，平均背膘厚度（2.05±0.52）cm；眼肌面积（12.77±3.58）cm²。皮厚为（0.35±0.05）cm。屠宰测定结果见表2。

表2　2月龄环江香猪屠宰测定成绩

指标	宰前活重（kg）	胴体重（kg）	屠宰率（%）	瘦肉率（%）	6～7肋背部脂肪厚度（cm）	平均背膘厚度（cm）	脂率（%）	皮率（%）	骨率（%）	眼肌面积（cm²）	皮厚（cm）
平均数	31.95±7.76	20.91±6.03	64.81±4.06	47.49±5.17	2.57±0.75	2.05±0.52	29.57±8.49	11.58±2.97	12.48±2.33	12.77±3.58	0.35±0.05

采取环江香猪背最长肌进行营养成分测定，结果见表3。

表3　9头环江香猪肌肉成分测定

指标	热量（kJ/100 g）	水分（%）	干物质（%）	蛋白质（%）	脂肪（%）	灰分（%）
平均数	572.42±65.03	72.62±1.65	27.38±1.65	20.24±0.57	5.94±1.79	1.05±0.04

巴马香猪

一、产区及分布

巴马香猪原产于广西壮族自治区巴马瑶族自治县，中心产区为巴马、百林、那桃、燕洞4个乡（镇）。巴马县全境、田东县、田阳县部分乡（镇）亦有分布。

二、体型外貌

巴马香猪毛色为两头黑、中间白，即从头至颈部的 1/3 ～ 1/2 和臀部为黑色，额有白斑或白线，也有少部分个体额无白斑或白线。鼻端、肩、背、腰、胸、腹及四肢为白色，躯体黑白交接处有 2 ～ 5 cm 宽的黑底白毛灰色带，群体中约 10% 个体背腰分布大小不等的黑斑。成年母猪被毛较长；成年公猪被毛及鬃毛粗长似野猪。巴马香猪体型小，矮、短、圆、肥。头轻小，嘴细长，多数猪额平而无皱纹，少量个体眼角上缘有两条平行浅纹。耳小而薄，直立稍向外倾。颈短粗，体躯短，背腰稍凹，腹较大，下垂而不拖地，臀部不丰满。乳房细软不甚外露，乳头排列

巴马香猪　公猪

匀称、多为品字形，乳头一般为 10 ～ 16 个，其中 16 个乳头的占 1.55%。平均乳头数为（11.72±1.52）个。巴马香猪四肢短小紧凑，前肢直，后肢多为卧系，管围细，蹄玉色。尾长过飞节，尾端毛呈鱼尾状。成年母猪和成年公猪平均尾长分别为（24.07±3.24）cm 和（22.00±1.20）cm。平均肋骨数为（13.50±0.52）对。公猪睾丸较小，阴囊不明显，成年公猪獠牙较长。

巴马香猪　母猪

三、体尺、体重

根据调查，巴马香猪成年平均体重（59.86±1.82）kg，体高（47.8±0.55）cm，体长（92.79±1.67）cm，胸围（96.51±1.61）cm。在巴马县中心产区巴马、西山、那桃、甲篆、燕洞 5 个乡（镇）的 7 个村（屯）对成年公猪、成年母猪的体重、体高与体长进行了测定，其统计结果如表 1。

表 1　巴马香猪体尺和体重

性别	公猪	母猪	合计（平均）
调查头数	27	171	198
月龄	27.73±10.70	40.88±14.97	39.12±15.17
体重（kg）	34.80±8.63	41.59±10.74	40.66±10.72
体高（cm）	40.87±10.08	42.97±6.97	42.68±7.47
体长（cm）	75.28±12.24	82.75±12.04	81.73±12.31
胸围（cm）	76.56±16.85	83.40±14.05	82.47±14.61
尾长（cm）	22.81±2.92	23.96±3.21	23.81±3.19

四、生产性能

1. 繁殖性能

巴马香猪性成熟早，29～30日龄睾丸曲细精管中已出现精子。公、母猪性成熟年龄（日龄）分别为（72±6.40）日龄和（110.5±4.20）日龄。公猪、母猪配种年龄分别为（75.75±2.60）日龄和（159.28±20.60）日龄。发情周期（18.7±1.35）日龄；妊娠期（113.36±1.56）日龄；平均窝产仔数（10.07±1.50）头，平均窝产活仔数（9.5±1.30）头；平均初生窝重（4.95±0.70）kg；公母仔猪平均出生重分别为（465±10.69）g和（463.13±8.84）g；母猪的泌乳力（以仔猪出生后21天时的窝重为代表，kg）为（18.33±1.17）kg；一般断奶日龄50～60日龄；断奶仔猪成活数（8.32±1.26）头。60日龄断奶体重：公猪（6.67±0.58）kg，母猪（7.08±0.50）kg。

2. 肥育性能

巴马香猪常以50～70日龄，体重6～8 kg即作为商品猪食用，不进行育肥。巴马香猪场曾以6头香猪作92天生长试验，开始体重（4.83±0.5）kg，结束体重（31.89±3.67）kg，平均日增重（294.11±35.46）g。5头50～70日龄商品仔猪屠宰前活重为（7.98±1.04）kg；平均胴体重、屠宰率、瘦肉率分别为（4.55±0.70）kg、（56.62±2.90）%、（50.90±2.73）%；6～7肋背部脂肪厚度为0.65～2.0 cm，平均背膘厚度（1.22±0.50）cm；眼肌面积（4.64±0.57）cm²。2004年12月对14头（10头去势母猪，4头去势公猪）约240日龄肥育猪进行屠宰测定，宰前平均活重为（31.4±5.2）kg，平均体长、体高、胸围分别为（73.4±8.0）cm、（41.7±2.8）cm、（73.6±5.4）cm；平均胴体重、屠宰率、瘦肉率分别为（21.1±4.1）kg、（66.8±2.7）%、（50.2±3.1）%。

表2　巴马香猪宰前体尺与屠宰性状

测定头数		14
体尺（cm）	体长	73.4±8.0
	体高	41.7±2.8
	胸围	73.6±5.4
体重（kg）		31.4±5.2
胴体重（kg）		21.1±4.1
屠宰率（%）		66.8±2.7
胴体斜长（cm）		55.5±3.1
眼肌面积（cm²）		14.6±2.5

（续表）

测定头数		14
膘厚（cm）	6～7肋	2.34±0.36
	十字部	1.55±0.34
	平均	1.95±0.29
6～7肋皮厚（cm）		0.335±0.05
左侧胴体组成（%）	瘦肉	50.2±3.1
	肥膘	24.1±2.3
	骨	9.5±0.9
	皮	11.5±2.0

五、肉质性状

240日龄巴马香猪背最长肌的营养成分测定结果见表3。

表3　巴马香猪肌肉成分测定

水分（%）	干物质（%）	蛋白质（%）	脂肪（%）	灰分（%）	热量（kJ/100 g）
71.4±1.8	28.6±1.8	21.1±1.3	5.69±2.65	1.09±0.24	585.7±84.7

表3结果表明，巴马香猪背最长肌肌内脂肪含量达5.69%，与国内优良地方猪种如民猪（5.2%）、小梅山猪（6.1%）背最长肌肌内脂肪含量相当，明显地高于大约克、长白猪的平均肌内脂肪含量2.3%。

东山猪

一、产地及分布

东山猪（Dongshan pig）因原产于广西全州县东山瑶族自治乡而得名。

全州县东山瑶族自治乡为东山猪的中心产区。主要分布于广西壮族自治区全州县，灌阳县、兴安县、资源县、龙胜县、灵川县、临桂县、恭城县、平乐县、荔蒲县、阳朔县、富川县、钟山县、贺州市及湖南永州市的芝山区等地也有分布。

二、体型外貌

东山猪的毛色以"四白二黑"为主，即躯干、四肢、尾帚、鼻梁及鼻端为白色，耳根后缘至枕骨关节之间区域，尾根周围部位为黑色，俗称"两头乌"。据调查统计，东山乡的猪，"四白二黑"猪占 89%，小花猪占 8%，大花猪占 3%。安和乡的猪，"四白二黑"猪占 70%，花猪占 30% 左右。东山猪体型高大结实，结构匀称。头部清秀，中等大小。嘴筒平直，耳大小适中下垂，额部有皱纹。根据调查统计，

东山猪　公猪

面宽、嘴筒短、额部皱纹多、耳大者30%；面窄，嘴筒长、皱纹少、耳大者20%；面宽窄适中、嘴筒中等长短、额部皱纹适中、耳中等大者50%。背腰平直而稍窄，腹大而不拖地，臀部较丰满，乳头12～14个，少数16个，发育良好。调查统计161头成年母猪，其平均乳头数为（14±0.26）个，分布均匀，发育良好。平均尾长（28.4±3.02）cm，尾端毛为白色。体长较胸围平均大15.82 cm左右。根据15头肥育猪屠宰结果，平均肋骨为（13.01±0.25）对。

东山猪　母猪

三、体尺和体重

6月龄以上的东山猪公猪及3胎以上的东山猪母猪体尺及体重见表1。

表1　东山猪体尺和体重

性别	公猪	母猪
调查头数	37	161
平均月龄	19.49±9.62	47.93±28.58
体重（kg）	63.88±25.48	102.79±19.41
体高（cm）	61.79±7.06	66.67±4.76
体长（cm）	112.74±13.97	127.45±6.65
胸围（cm）	91.81±13.34	111.63±8.98
尾长（cm）	24.03±2.89	29.42±1.92

四、生产性能

1. 繁殖性能

东山猪生后 3 个月开始有性行为。据调查，公猪、母猪平均性成熟分别为（124.4±14.4）天和（143±20.7）天，公猪、母猪初配年龄分别为（180±15）日龄和（168.9±25.2）日龄。东山猪四季都可以发情，没有明显的发情季节。母猪发情周期为 18～24 天，平均为（20.67±1.241）天（n=127），平均妊娠期（115.18±2.423）天。母猪一般使用 6～7 年，少数 10 年左右，公猪一般使用 2～4 年。母猪繁殖性能结果见表 2。

表 2　东山猪母猪繁殖性能

指标	平均数
窝产仔数（头）	11.32±2.30
出生重（g）	824.3±41.7（公） 830.0±44.8（母）
初生窝重（kg）	8.80
30 日龄平均窝重（kg）	47.16
断奶日龄	50～60
断奶窝重（kg）	99.25
断奶仔猪成活数（头）	10.84±1.79
仔猪成活率（%）	96.2±6.63

2. 肥育性能

东山猪耐粗饲，在较低营养水平下，60 日龄体重 8 kg 的猪，饲养 270 天后，体重达 70 kg，日增重 230 g，每千克增重消耗精料 2.18 kg、青料 4.42 g。若营养水平稍好，60 日龄体重 10 kg 的猪饲养 310 天后，每头增重 115 kg，平均日增重 371 g，每千克增重消耗精料 1.48 kg、青料 3.13 kg、粗料 4.93 kg。据桂林良丰农场两组猪的生长观察每组 15 头，始重分别为 10.75 kg 和 11.5 kg，试验 240 天，末重为 84.75 kg 和 86.7 kg，平均日增重分别为 308 g 和 313 g，每千克增重分别需消化能 54.4 MJ 和 55.2 MJ，可消化蛋白质 450 g 与 408 g。

对 240 日龄肥育猪的屠宰测定结果（表 3）表明，宰前平均活重为（75.01±14.73）kg；平均胴体重、屠宰率、瘦肉率分别为（50.37±12.40）kg、（66.62±4.49）%、（41.30±2.433）%。

表 3 东山猪宰前体尺与屠宰性状

指标		平均数值
体尺（cm）	体长	110.4±10.5
	体高	58.1±4.1
	胸围	92.3±7.5
体重（kg）		75.01±14.73
胴体重（kg）		50.37±12.40
屠宰率（%）		66.61±4.48
胴体斜长（cm）		78.3±5.4
眼肌面积（cm²）		18.67±4.485
膘厚（cm）	5～6胸椎	3.67±0.75
	十字部	2.89±0.63
	平均	3.28±0.66
6～7肋皮厚（cm）		0.50±0.07
左侧胴体组成（%）	瘦肉	41.23±2.33
	肥膘	35.67±3.58
	骨	9.13±1.46
	皮	13.45±1.99

对 6～8 月龄东山猪背最长肌营养成分测定结果见表 4。

表 4 东山猪背最长肌营养成分测定

热量（kJ/100 g）	水分（%）	干物质（%）	蛋白质（%）	脂肪（%）	灰分（%）
592±80.24	71.22±1.97	28.78±1.97	21.75±0.73	5.80±2.24	1.18±0.04

表 4 结果表明，东山猪背最长肌肌内脂肪含量达 5.8%，与国内优良地方猪种如内江猪（5.42%），大花白猪（5.01%）、民猪（5.2%）、小梅山猪（6.1%）背最长肌肌内脂肪含量相当，这可能是东山猪肉质优良的机制之一。

桂中花猪

一、产地及分布

桂中花猪因主要分布于广西中部而得名。

桂中花猪原来主要分布于广西中部的柳州、河池、南宁、百色4个市及桂林市永福县等30多个县（市）。主产区为融安、平果、崇左等县（市）。2006年调查，中心产区为广西百色市平果县太平、耶圩、海城3个乡镇，在该县的坡造、旧城、同老、黎明、果化等乡镇也有分布。

二、体型外貌

桂中花猪头较小，额稍窄，有2～3道皱纹，嘴筒稍短，耳中等大略长，两耳向上前伸。体型大小中等，各部位发育匀称，体长稍大于胸围，肋骨13对。背微凹，臀稍微斜，腹大不拖地，乳头12～14个，排列整齐。四肢强健有力，骨骼粗壮结实，肌肉发育适中。毛色为黑白色，头、耳、耳跟、背部至臀部、尾为黑色，腹部、四肢及肩颈部为白色，背腰部有一块大小不一而位置不固定的黑斑，黑白毛之间有3～4cm宽的灰色带（黑底白毛）。嘴尖及鼻端为白色、额头有白色流星，多延至鼻端。

桂中花猪 公猪

桂中花猪 母猪

三、体重体尺

对 8 ~ 36 月龄的公猪（平均 20.36 月龄）和母猪（48.72 月龄）的体尺体重进行测定，公猪平均体重 37.45 kg，母猪平均体重 77.31 kg，结果见表 1。

表 1 成年桂中花猪体重和体尺

性别	体重（kg）	体长（cm）	胸围（cm）	体高（cm）
公猪	37.45±0.93	87.21±0.76	80.07±0.81	47.21±0.35
母猪	77.31±0.12	112.90±0.06	102±0.06	56.68±0.03

四、生产性能

1. 繁殖性能

根据调查，桂中花猪性成熟比较早，小公猪 30 ~ 40 日龄有爬跨现象，小母猪一般 4 ~ 5 月龄，体重 25 ~ 35 kg 开始发情。在民间饲养的公猪 4 月龄开始配种，24 ~ 36 月龄淘汰；母猪 5 ~ 6 月龄初配，一般 36 ~ 60 月龄淘汰，个别生产良好的母猪可利用到 96 月龄。平均发情周期为 18.4 天，发情持续期 3.8 天，怀孕期为114.4 天。

桂中花猪母猪的繁殖性能较强，平均胎产仔数 12.29 头，最多的一胎产 22 头仔猪，产活仔猪数 11.4 头。一般 65 ~ 70 日龄断奶，断奶窝重 79 ~ 92 kg。窝初产母猪平均产仔 11.6 头，出生窝重 7.3 kg；54 窝经产母猪平均产仔 12.5 头，初生窝重 7.9 kg。

2. 肥育性能

对 5 头 90 日龄的肉猪进行育肥试验，试验期 60 天，平均始重 22.6 kg，平均末重 56.8 kg，日增重 570 g。对 15 头肉猪进行屠宰测定，宰前平均体重为 66.20 kg，胴体重为 44.73 kg，屠宰率为 67.13%，6 ～ 7 肋背部脂肪厚度为 40.9 mm，平均背膘厚度为 36.5 mm，眼肌面积为 17.45 cm²，皮厚为 5.10 mm，瘦肉率为 38.18%，脂肪率 39.92%，骨率 8.42%，皮率 13.48%。

五、肉质性状

取桂中花猪背最长肌送广西分析测试研究中心进行营养成分测定，肉质性状结果为：水分 66.87%，干物质 33.13%，蛋白质 19.87%，脂肪 12.11%，灰分 1.03%。

隆 林 猪

一、产地及分布

隆林猪（Longlin pig）是广西优良的地方品种，属于肉用型品种。

中心产区位于广西隆林各族自治县的德峨、猪场、蛇场、岩茶、介廷等乡。此外，毗邻的西林县、田林县、乐业县也有少量饲养。

二、体型外貌

隆林猪被毛粗硬，毛色有六白（即额有白色星状旋毛，四脚与尾巴有白色毛，其余为黑色）、全黑、花肚（即肚子有白斑）和棕色四种。隆林猪体型较大、身长。胸较深而略窄，背腰平直，腹大不拖地，臀稍斜，四肢强健有力，后腿轻度卧系。头大小适中，耳大下垂，脸微凹，嘴大稍翘，鼻孔大，口裂深，额略如狮头状，额中有鸡蛋大小白色旋毛。尾根低，尾长过飞节，12 月龄以上母猪平均尾长（28.5±3.4）cm，6 月龄以上公猪平均尾长（24.4±3.7）cm。根据对隆林猪的测定，平均肋骨数为（13.93±0.25）对，乳头数 8 ~ 14 个，平均（11.4±1.28）个。

隆林猪　公猪

隆林猪　母猪

三、体尺、体重

在隆林县德峨、猪场、常么、克长 4 乡的保上、德峨、常么、那地、八科、新合、新华、联合、烂木杆等村的 20 多个村屯共调查测量了 6 月龄以上的隆林猪公猪，2 胎以上的隆林猪母猪的体尺及体重，结果如表 1 所示。

表 1　隆林猪体尺和体重

性别	公猪	母猪
平均月龄	18.1±10.1	30.5±10.9
体重（kg）	43.3±17.1	68.4±24.0
体高（cm）	52.6±10.1	59.1±6.4
体长（cm）	96.5±14.2	112.0±12.8
胸围（cm）	84.2±10.5	98.5±12.1
尾长（cm）	24.4±3.7	28.5±3.4

四、生产性能

1. 繁殖性能

隆林公猪生长到 20 日龄即有爬跨行为，农村条件下一般 4 ～ 6 月龄，体重 19 ～ 28 kg 即用于配种。产区群众当母猪 4 ～ 6 月龄开始发情，体重 37 ～ 42 kg 时即安排配种。发情周期 20 ～ 22 天，持续期 3 ～ 4 天，孕期（114±3.55）天，头胎产仔数为 6 ～ 7 头。隆林母猪的繁殖性能统计于表 2。

表 2　隆林猪经产母猪繁殖性能

窝产仔数（头）	8.97±2.2
出生重（g）	793
30 日龄平均窝重（kg）	38.7±5.7
断奶日龄	60
仔猪断奶重（kg）	9.1
断奶仔猪成活数（头）	7.78±1.57
仔猪成活率（%）	86.7

2. 肥育性能

采用比较高的营养水平进行饲养，开始平均体重 10.35 kg，经 120 天，体重达 85.81 kg，平均日增重 628.8 g，每千克增重消耗 3.03 kg 混合料，1.19 kg 青饲料，折合消化能 42.2 MJ 和 401.68 g 粗蛋白。对 15 头约 180 ～ 240 日龄肥育猪进行屠宰测定，宰前平均活重为（65.58±11.72）kg；平均胴体重、屠宰率、瘦肉率分别为（44.99±9.85）kg、（64.92±2.54）%、（46.29±6.21）%。

五、肉质性能

180 ～ 240 日龄公母猪背最长肌的营养成分见表 3，肌内脂肪含量高达 10.90%，远高于国内其他优良地方猪种如内江猪（5.42%）、大花白猪（5.01%）、民猪（5.20%）、小梅山猪（6.10%）背最长肌肌内脂肪含量。说明隆林猪肌内脂肪沉积高峰出现比较早，肌内脂肪沉积的强度较大。

表 3　隆林猪背最长肌的营养成分测定结果

热量（kJ/100 g）	水分（%）	干物质（%）	蛋白质（%）	脂肪（%）	灰分（%）
757.49±197.62	67.90±4.39	32.10±4.39	20.09±1.66	10.90±5.85	1.02±0.07

德保猪

一、产地及分布

德保猪（Debao pig），原名德保黑猪。属于肉用型品种。

德保猪遍布德保全县，以马隘、那甲、燕峒、巴头、敬德、东凌6个乡镇为中心产区。

二、体型外貌

德保猪全身黑色，故有德保黑猪之称。被毛长而粗硬，鬃毛长约5 cm。该品种体大身长，胸深身宽，体质结实，结构匀称。头部直小和适中为主，少数短深。脸微凹，额头有明显皱纹，有的呈复式"X"状，有横行纹，也有棱形纹，额端平直。嘴筒圆，长短不一，上下额平齐。耳小平直或稍下垂，少数耳大下垂。背腰稍平直，腹大但不拖地，臀部丰满适中，稍向肩部倾斜。四肢短而强壮有力，肌肉发育适中。尾型下垂，少数上卷，有尾帚。据测量统计，尾长为（30.26±2.89）cm。乳头细，排列整齐，乳头10～14个，排列均匀。

德保猪　公猪

德保猪　母猪

三、体尺、体重

1. 成年公猪体尺及体重

成年德保猪公猪的平均体长为 98 cm，胸围 73 cm，体高为 48 cm，平均体重 50 kg。

2. 成年母猪体尺及体重

3 胎以上母猪的体尺和体重结果见表 1。

表 1　德保猪成年母猪体尺及体重

性别	头数	平均体高		平均体长		平均胸围		平均体重	
		cm	c.v（%）	cm	c.v（%）	cm	c.v（%）	kg	c.v（%）
母猪	94	62.44 ±6.50	10.42	120.76 ±11.01	9.11	104.82 ±12.26	11.69	82.62 ±24.52	29.68

四、生产性能

1. 繁殖性能

德保猪是一个早熟品种。据德保县畜牧水产局调查的 153 头 12 月龄以上母猪的情况看，多数个体在 5 ～ 6 月龄开始发情，早的有 4 月龄发情的，发情时平均体重 25 ～ 35 kg。小公猪生后 25 ～ 30 日龄有爬跨同窝仔猪行为，一般养 4 个月便可配种。初配年龄较早，在 6 月龄，多数在 8 月龄，体重 40 kg 左右。德保猪发情周期的长短因年龄和营养状况不同而有所差异，一般为 20 ～ 21 天，发情持续 3 ～ 4 天。按农家习惯，多在发情第二天到第三天上午配种，受胎率可达90%以上。根据对153窝统计，多数妊娠天数为115～116天，变化在113～118天。德保猪平均每窝产仔数8.18头，仔猪初生个体重0.62 kg。60日龄仔猪断奶个体重公猪8.02 kg、母猪8.02 kg。对2005—2006年449窝的统计，产仔总数4 148头，断奶时死亡473头，成活3 675头，仔猪断奶成活率88.6%。

2. 育肥性能

德保猪在一般饲养条件下，肉猪平均日增重为360 g。德保县兽医站对该品种3头280日龄以上的德保育肥猪进行了屠宰测定分析，结果见表2。从表中看出：280日龄以上的宰前体重为（84.5±9.19）kg，胴体重为（62.54±8.29）kg，屠宰率为（73.91±1.77）%，背膘厚为（4.25±0.57）cm，眼肌面积为（22.75±4.45）cm²，皮厚（0.46±0.014）cm。

表2　德保猪屠宰测定

宰前活重（kg）	胴体重（kg）	屠宰率（%）	胴体长（cm）	膘厚（cm）	皮重（kg）	板油（kg）	肉重（kg）	骨重（kg）	眼肌面积（cm²）	皮厚（cm）
84.5±9.19	62.54±8.29	73.91±1.77	70.50±0.71	4.25±0.57	3.93±0.18	4.05±0.21	19.42±3.90	3.16±0.18	22.75±4.45	0.46±0.014

五、肉质性能

采背最长肌送广西分析测试研究中心进行了检测，结果见表3。

表3　德保猪背最长肌的营养成分测定结果

热量（kJ/100 g）	水分（%）	干物质（%）	蛋白质（%）	脂肪（%）	灰分（%）	膳食纤维（%）
792	66.4	33.6	20.9	11.5	1.08	0.0

富 钟 水 牛

一、产地及分布

富钟水牛（Fuzhong buffalo）原名富川水牛。中国13个优良的地方水牛品种之一，属沼泽型水牛，役肉兼用型。1987年被列入《广西家畜家禽品种志》，改名为富钟水牛。

中心产区在广西壮族自治区贺州市的富川瑶族自治县、钟山县，贺州市的其他区县及邻近的桂林市、梧州市等均有分布。

二、体型外貌

体型：富钟水牛具有体格高大、结构紧凑、发育匀称、性情温驯、四肢发达、行动稳健、繁殖性能高等特点。

毛色：被毛较短，密度适中，有灰黑及石板青两种颜色，其中以灰黑为主。颈下胸前大部分有一条新月形白色冲浪带，有两条者极少，另有小部分无颈下冲浪带。部分颈下咽喉部有一条新月形白带。下腹部、四肢内侧及腋部被毛均为灰白色。部分牛腹下有一条半圆淡黄色带。

头部：头大小适中，公牛头粗重，母牛头清秀略长。角根粗，大部分为方型，少数为椭圆形，角色为黑褐色；公牛角较粗，母牛角较细长。角型主要为小圆环、大圆环、龙门角三种，其中小圆环居多，其次为大圆环。嘴粗口方，鼻镜宽大、黑褐色。眼圆有神，稍突。耳大而灵活，平伸，耳壳厚，耳端尖。母牛额宽平，公牛额稍突起。下嘴唇白色，上嘴唇两侧各有约拇指大小白点一个，部分牛眼睑下方有双白点。

颈部：头颈与躯干部结合良好，颈宽长适中。公牛颈较粗，母牛颈较细长。

躯干部：背腰宽阔平直，前躯宽大，肋骨开张，尻部短稍倾斜。公牛腹部紧凑，形如草鱼腹；母牛腹圆大而不下垂。无肩峰、无腹垂、脐垂，胁部皮肤及毛色逐渐淡化。公牛体格高大，前躯较发达；母牛则发育匀称，后躯较发达。乳房质地柔软，乳头呈圆柱状，长约 3 cm，距离较宽，左右对称。乳房绝大部分为粉红色，只有极少部分为黑褐色。公牛睾丸不大，阴囊紧贴胯下，不松垂。

尾部：富钟水牛尾短而粗，不过飞节，尾帚较小。

四肢：四肢粗壮，前肢正直，管粗而结实，后肢左右距离适中，大部分后肢弯曲呈微"X"状（飞节内靠）。蹄圆大，蹄壳坚实，蹄色黑褐色，蹄叉微开，少部分牛蹄呈剪刀形。

富钟水牛　公牛

富钟水牛　母牛

三、体尺和体重

1. 体尺和体重

据对 30 头成年公牛和 154 头成年母牛的体尺体重测定，公牛平均体高为 128.8 cm，体重 482.3 kg，最高为 659 kg；母牛则体高为 125.2 cm，体重 453.8 kg，最高为 623 kg。详见表 1。

表 1 富钟水牛体尺体重

性别	公牛	母牛
头数（头）	30	154
体高（cm）	128.8±5.00	125.2±5.02
体斜长（cm）	139.9±6.32	133.0±7.31
胸围（cm）	195.4±8.18	194.3±9.39
管围（cm）	22.6±0.85	20.8±1.05
体重（kg）	482.3±54.32	453.8±56.80

注：体重（kg）＝胸围（m）^{2}× 体斜长（m）×90

2. 体态结构

富钟水牛的体长指数、胸围指数、管围指数见表 2。

表 2 富钟水牛体型指数

性别	公牛	母牛
头数	30	154
体长指数（%）	108.6	106.0
胸围指数（%）	151.7	155.2
管围指数（%）	17.5	16.6

注：体长指数＝体斜长÷体高×100%；胸围指数＝胸围÷体高×100%；管围指数＝管围÷体高×100%

四、生产性能

1. 繁殖性能

性成熟年龄：公牛 2.5 岁，母牛 2 ～ 2.5 岁。配种年龄：公牛 3 ～ 4 岁，母牛 2.5 ～ 3 岁。富钟水牛无明显发情季节，全年均可发情，但多集中在 7—11 月，占 80%。发情周期 21 天，怀孕期 315 天，产犊间隔 390 天，一胎产犊数 1 头，犊牛出生体重公 27.3 kg，母 24.7 kg。

犊牛断乳体重（8月龄）公 154.8 kg，母 151.8 kg，哺乳期日增重公 0.53 kg，母 0.53 kg。犊牛成活率 94.9%。犊牛死亡率 5.1%。

2. 役用性能

富钟水牛一般 2 岁后正式使役，使役年限一般 18 ～ 20 年，挽力大而持久。耕田速度：犁沙质壤土水田，公牛 507 m²/h，母牛 440 m²/h。成年公牛拉车载重量 1 000 kg，日行 25 ～ 30 km。

3. 乳用性能

富钟水牛哺乳期为 8 ～ 10 个月。

根据测定 150 头公母牛犊的生长情况，产后 28 天平均每天增重 0.779 6 kg，用美国国家科学研究委员会标准公式计算，富钟水牛一个泌乳期（305 天计）泌乳量平均为 1 217 kg，最高为 1 844.65 kg，最低为 908.23 kg。

五、屠宰性能和肉质性能

1. 屠宰性能

随机选取成年公牛（5 岁）、成年母牛（7 岁）、育成公牛（1.5 岁）进行实地屠宰测定，富钟水牛产肉性能如表 3 所示。

表 3　富钟水牛产肉性能

项目	成年公牛	成年母牛	育成公牛	平均
宰前体重（kg）	530	490	300	
胴体重（kg）	260.8	239.9	141.0	
屠宰率（%）	49.21	48.96	47.00	48.61
净肉重（kg）	205.0	169.6	105.0	
净肉率（%）	38.68	34.61	35.00	36.33
胴体净肉率（%）	78.30	68.44	73.32	74.74
皮厚（cm）	1.10	0.78	1.08	
腰部肌肉厚（cm）	5.4	5.4	4.4	
大腿肌肉厚（cm）	9.2	9.8	9.0	
背部脂肪厚度（cm）	1.9	2.4	1.1	
腰部脂肪厚度（cm）	0.7	0.6	0.4	
骨肉比	1:3.99	1:3.37	1:3.32	1:3.60
眼肌面积（cm²）	54.66	38.98	30.18	

2. 肉质性能

经广西分析测试研究中心分析，富钟水牛肌肉的主要化学成分如表 4 所示。

表 4　富钟水牛肌肉主要化学成分

项目	成年公牛	成年母牛	育成公牛	平均
热量（kJ/100 g）	404.8	428.5	461.4	431.6
水分（%）	76.9	75.6	75.1	75.9
干物质（%）	23.1	24.4	24.9	24.1
蛋白质（%）	20.5	21.3	20.8	20.9
脂肪（%）	1.38	1.48	2.61	1.82
灰分（%）	0.99	1.02	0.98	1.00

西林水牛

一、产地及分布

西林水牛（Xilin buffalo），役肉兼用型。西林水牛为中国 13 个地方优良水牛品种之一。

西林水牛属沼泽型水牛品种，中心产区在广西西林县，主要分布在西林、田林、隆林等县，毗邻的云南省广南县、师宗县、贵州省的兴义市也有分布。

二、体型外貌

体型：西林水牛属高原山地型水牛，体格健壮较高大、结构紧凑、发育匀称、四肢发达、粗壮有力，身躯稍短，后躯发育稍差。

毛色：被毛较短，密度适中，基本以灰色为主，少数为灰黑色，另有少部分为全身白色。颈下胸前有一条新月形白色冲浪带，有两条者极少。部分牛颈下咽喉部有一条新月形白带。下腹部、四肢内侧及腋部被毛均为灰白色。

头部：头大小适中，头型长窄，公牛头粗重，母牛头清秀略长。角根粗，大部分为方形，少数为椭圆形，角色为黑褐色；公牛角较粗，母牛角较细长。角型主要为小圆环、大圆环两种，其中以小圆环居多。嘴粗口方，鼻镜宽大、黑褐色居多，只有少数白色水牛的鼻镜为粉红色；下嘴唇白色、上嘴唇两侧各有约母指大小白点一个（即常说的"三白点"）。眼圆有神，稍突。耳大而灵活，平伸，耳壳厚，耳端尖。母牛额宽平，公牛额稍突起。部分牛两眼眼睑下方有白点。

颈部：头颈与躯干部结合良好，颈宽长适中。公牛颈较粗，母牛颈较细长。

躯干部：背腰平直，前躯宽大，肋骨开张，尻部稍短、斜尻。身躯较短，前躯发达，后躯发育较差，为役用体型。公牛腹部紧凑，形如草鱼腹；母牛腹圆大而不下垂。无肩峰、无腹垂、脐垂，胁部皮肤及毛色逐渐淡化。母牛乳房不够发达，乳头呈圆柱状，长约 3 cm，距离较宽，左右对称。乳房绝大部分为粉红色，另有极少部分为黑褐色。公牛睾丸不大，阴囊紧贴胯下，不松垂。

尾部：西林水牛尾短而粗，达飞节上方，尾帚较小。

四肢：四肢粗壮，前肢正直，管粗而结实，后肢左右距离适中，大部分后肢弯曲呈微"X"状（飞节内靠）。蹄圆大，蹄壳坚实，蹄色黑褐色，蹄叉微开。除白牛外，四肢下部均有一小白块，即俗称的"白袜子"。

西林水牛　公牛

西林水牛　母牛

三、体尺和体重

1. 体尺和体重

据对 35 头成年公牛和 151 头成年母牛的体尺体重测定结果，公牛平均体高为 124.8 cm，体重 433.5 kg，最高为 474 kg；母牛则体高为 118.3 cm，体重 379.3 kg，最高为 524 kg。详见表 1。

表 1　西林水牛体尺体重

性别	公牛	母牛
头数（头）	35	151
体高（cm）	124.8±2.40	118.3±4.93
体斜长（cm）	135.8±3.56	125.0±7.37
胸围（cm）	188.2±4.65	183.0±9.62
管围（cm）	22.5±0.70	20.6±1.17
体重（kg）	433.5±28.08	379.3±56.00

注：体重（kg）＝胸围（m）^{2}×体斜长（m）×90

2. 体态结构

西林水牛的体长指数、胸围指数、管围指数见表 2。

表 2　西林水牛体型指数

性别	公牛	母牛
头数	35	151
体长指数（%）	108.8	105.7
胸围指数（%）	150.8	154.7
管围指数（%）	18.0	17.4

注：体长指数＝体斜长÷体高×100%；胸围指数＝胸围÷体高×100%；管围指数＝管围÷体高×100%

四、生产性能

1. 繁殖性能

性成熟年龄：公牛 2 岁，母牛 1.5 岁。配种年龄：公牛 3 岁，母牛 2.5 岁。

全年均可发情，无季节限制，但多集中在 9—10 月，占全年总发情数的 61.73%。发情周期为 21 天，怀孕期为 312 天；产犊间隔时间约 540 天，一胎产犊 1 头，犊牛出生体重：公牛 29.2 kg，母牛 27.8 kg；犊牛断乳体重（周岁）：公牛 173.8 kg，母牛 171.8 kg；哺乳期日增重：公 0.396 kg，母 0.394 kg。犊牛成活率 89.2%；犊牛死亡率 10.8%。

2. 役用性能

西林水牛一般 1.5 岁开始调教，2 岁后开始使役，耕作能力比较强。据广西畜牧研究所在西林县的古障镇进行测定，阉牛每小时能耕水田 320m²，每日 6 小时可耕 1 920 m²，每分钟速度为 31.5 m，耕作拉力 135 kg（110 ～ 180 kg），最大拉力 243 kg（160 ～ 320 kg），工作后 30 分钟恢复正常生理状态；母牛每小时耕地 213 m²，日耕 6 小时可耕 1 280 m²，速度每分钟 32 m，耕作拉力 131 kg（100 ～ 180 kg），最大拉力 232 kg（140 ～ 300 kg），工作后 30 分钟恢复正常生理状态。具体见表 3。

表 3　西林水牛拉力测定

性别	测定头数	耕作拉力	最大拉力
母牛	21	131 kg（100 ～ 180 kg）	232 kg（140 ～ 300 kg）
阉牛	6	135 kg（110 ～ 180 kg）	243 kg（160 ～ 320 kg）

3. 乳用性能

西林水牛以役用为主，产乳性能差，由于没有进行挤奶利用，也没有对西林水牛的产乳性能进行过系统测定，故没有相关的乳用性能指标。但用摩拉水牛和尼里 / 拉菲水牛对本地西林母水牛进行杂交改良，改良后的水牛具有产奶量高、奶质好等优点，每个泌乳期产奶平均在 2 200 kg，而奶质营养成分高于黑白花牛奶，其含锌量为黑白花牛奶的 12.3 倍，蛋白质为 1.49 倍，铁量为 79 倍、钙为 1.28 倍、氨基酸为 2.97 倍，维生素 A 为 33 倍、维生素 B 为 1.16 倍。

五、屠宰性能和肉质性能

1. 产肉性能

经选取成年公牛（3.5 岁）、成年母牛（5 岁）进行实地屠宰测定，西林水牛产肉性能如表 4 所示。

表4　西林水牛产肉性能

项目	成年公牛	成年母牛	平均
宰前体重（kg）	317.0	292.0	304.5
胴体重（kg）	140.0	139.1	139.6
屠宰率（%）	44.2	47.6	45.9
净肉重（kg）	102.8	104.0	103.4
净肉率（%）	32.43	35.62	34.03
胴体净肉率（%）	75.60	75.91	75.75
皮厚（cm）	0.90	0.55	0.72
腰部肌肉厚（cm）	4.8	3.8	4.3
大腿肌肉厚（cm）	6.6	6.4	6.5
背部脂肪厚度（cm）	0.20	0.10	0.15
腰部脂肪厚度（cm）	0.1	0.1	0.1
骨肉比	1:3.25	1:3.51	1:3.38
眼肌面积（cm^2）	39.84	34.32	37.08

2. 肉质性能

经广西分析测试研究中心分析，西林水牛肌肉的主要化学成分如表5所示。

表5　西林水牛肌肉主要化学成分

项目	成年公牛	成年母牛	平均
热量（kJ/100 g）	430.9	424.9	427.9
水分（%）	76.20	77.10	76.65
干物质（%）	23.80	22.90	23.35
蛋白质（%）	20.4	19.2	19.8
脂肪（%）	2.08	2.49	2.28
灰分（%）	1.02	0.98	1.00

隆 林 黄 牛

一、产地及分布

隆林黄牛（Longlin cattle）在特定的环境条件下经过长期风土驯养、选育和培育成役、肉兼用型黄牛品种，是广西壮族自治区优良地方黄牛品种之一。

隆林黄牛中心产区在广西壮族自治区隆林各族自治县境内，繁殖中心又以该县的德峨、猪场、蛇场、克长、龙滩、者保等乡、镇为主。分布产区在西林和田林县等境内，并逐步扩展到毗邻的云南省广南、师宗县及贵州省的兴义市等地，该品种的数量有一定的规模。

二、体型外貌

对隆林、西林等县共6个乡、镇广大散养农户牛群进行实地抽样调查，被调查的牛群并不完全选择最好的牛群，但样本仍然不失当地牛群的基本情况。

（一）被毛颜色、长短与肤色

据统计，隆林黄牛的基础毛色以黄褐色为主，公牛占82%，母牛占97%，全身被毛贴身短细而有光泽，多数牛全身毛色一致，少量公牛随着年龄的增长，背白带斑线较为明显，也有少量黄牛有晕毛或局部淡化现象。尾梢颜色以黑褐色和蜡黄色为主。鼻镜多为粉肉色和黑褐色，眼睑、乳房为粉肉色。

（二）外貌特征

1. 体形特征

隆林黄牛体形中等，体重大，体形较好，背腰平直，四肢健壮，体躯紧凑、体质结实，全身结构匀称，性情温驯，灵敏活泼，爬山能力强。

2. 头部与颈部特征

头部大小适中，宽度中等，额平或微凹，头颈与躯干部结合良好。公牛角型以倒"八"字角和萝卜角为主，其中倒"八"字角占62%，萝卜角占23%。母牛则以铃铃角（向内弯平角）及倒"八"字角为主，其中铃铃角占44%，倒"八"

字角占 18%，龙门角占 14%，其他占 23%。角色以黑褐色及蜡黄色为主，公牛黑褐色占 54%，蜡黄色占 46%。母牛黑褐色占 53%，蜡黄色占 42%。耳型平直、耳壳薄、耳端尖钝而灵活。

3. 躯干特征

前躯公牛表现为鬐甲较高、宽，肩峰高大，个别牛的肩峰高出鬐甲 19 cm，母牛鬐甲低而平薄，胸部深广，公牛颈垂、胸垂较大，母牛稍小。中后躯特征表现为躯体紧凑，公牛生殖器官下垂，器官顶端周围生长 2 ～ 5 cm 不等的阴毛。母牛乳房较小，质地柔软，乳头呈圆柱状，乳头大如食指，长约 3 ～ 5 cm。

4. 四肢特征

肢势较直，前腿间距较宽，但后腿间窄，少数牛后肢外弧。蹄质细致坚固。蹄色以黑褐色及蜡黄色为主，公牛黑褐色占 51%，蜡黄色占 49%。母牛黑褐色占 52%，蜡黄色占 45%。

5. 尾部特征

尻部长短适中，但较倾斜。尾型大小适中，尾梢长过后肢关节。

6. 骨骼及肌肉发育情况

骨骼粗细中等，发育良好，肌肉较发达，特别是成年公牛肌肉发育丰满。

隆林黄牛 公牛

隆林黄牛　母牛

三、体尺和体重

（一）体尺和体重

被测量牛群在自然放牧、不补充任何精料的情况下，随机抽样测量登记3岁以上的成年公牛39头，成年母牛154头，体重按计算公式进行估算。根据这次普查和测量结果，隆林黄牛成年公牛的平均体高114.1 cm，体重264.9 kg。详见表1。

表1　隆林黄牛在不同时期体尺、体重比较

性别	测定数量（头）	体高（cm）	体斜长（cm）	胸围（cm）	管围（cm）	体重（kg）
公牛	39	114.1±5.4	120.3±8.3	153.4±9.3	16.3±1.1	264.9±47.0
母牛	154	106.6±4.6	114.7±6.6	143.8±7.9	14.0±0.7	221.0±32.1

（二）体形指数

对193头牛的测定结果见表2。表2所列体型指数表明，隆林黄牛体型中等，体态匀称，结构紧凑而灵活，为役、肉兼用品种。

表2　隆林黄牛在不同时期体型指数比较

性别	测定数量（头）	体长指数（%）	胸围指数（%）	管围指数（%）
公牛	39	105.4	134.4	14.3
母牛	154	107.6	134.9	13.1

四、生产性能

1. 繁殖性能

（1）性成熟年龄：对25头母牛统计，其性成熟年龄平均为（531.3±0.25）日龄。公牛在12～18月龄。

（2）初配年龄：32头母牛统计平均为（825.4±0.22）日龄。公牛在18～24月龄。

（3）繁殖季节：全年均可繁殖配种，但多集中在春秋两季（4—9月）的青草旺盛期。

（4）发情周期：32头母牛统计平均为（19.5±1.68）日龄。而1987年根据隆林平林牧场30头母牛的观察，发情周期平均为18.5日龄。

（5）妊娠期：32头母牛统计平均为（279.3±7.16）日龄。而1987年根据隆林平林牧场30头母牛的观察，妊娠期平均为274.9日龄。

（6）犊牛出生重：隆林县农户犊牛出生重公犊为16.5 kg，母犊为14.4 kg。广西壮族自治区畜牧研究所黄牛场对21头公犊及26头母犊统计，出生体重分别为（16.0±2.54）kg和（14.5±2.48）kg。

（7）犊牛断奶重（6月龄）：隆林县农户犊牛断奶重公犊为66 kg，母犊为64 kg。而在广西壮族自治区畜牧研究所黄牛场的一般条件下，14头公犊和22头母犊统计，其断奶体重分别为（100.7±19.33）kg和（92.8±9.60）kg。

（8）哺乳期日增重（0至6月龄）：隆林县农户哺乳期日增重公犊为0.27 kg，母犊为0.27 kg。广西壮族自治区畜牧研究所黄牛场14头公犊和22头母犊统计，其日增重分别为0.47 kg和0.43 kg。

（9）犊牛成活率及死亡率：调查主产区隆林县德峨乡弄杂村卜糯屯2005年产犊牛90头，断奶时成活88头，该村犊牛成活率为97.8%，犊牛死亡率为2.2%。

2. 生长性能

该县德峨乡保上村和那地村农户养殖的黄牛在全年放牧不补料的情况下，各阶段生长发育如表3所示。

表3　隆林黄牛在不同时期的生长发育

阶段	性别	头数	体重（kg）	体高（cm）	体斜长（cm）	胸围（cm）	管围（cm）
初生	公牛	28	16.18±014	60.10±0.18	50.52±0.14	57.45±0.13	8.25±0.31
	母牛	21	13.80±0.22	58.25±0.28	48.83±0.11	55.27±0.13	7.13±0.15

（续表）

阶段	性别	头数	体重（kg）	体高（cm）	体斜长（cm）	胸围（cm）	管围（cm）
6月龄	公牛	10	61.92±0.18	79.07±0.16	80.40±0.15	93.66±0.14	10.00±0.12
	母牛	11	66.20±0.17	80.46±0.19	80.60±0.12	93.60±0.11	9.91±0.12
12月龄	公牛	8	103.50±0.15	92.35±0.16	95.23±0.17	110.10±0.10	11.04±0.10
	母牛	9	109.61±0.14	91.36±0.15	93.17±0.13	112.00±0.11	11.01±0.12
18月龄	公牛	8	157.40±0.19	96.32±0.18	110.11±0.16	124.00±0.17	13.80±0.10
	母牛	12	112.50±0.13	96.52±0.14	96.05±0.16	134.01±0.12	12.28±0.11
24月龄	公牛	7	212.70±0.14	110.70±0.13	115.40±0.15	145.60±0.17	15.00±0.19
	母牛	10	115.10±0.21	103.00±0.18	108.35±0.19	135.80±0.14	14.02±0.10

在规模饲养条件下，隆林黄牛在各个生长发育阶段的体重和体尺详见表4。

表4　隆林黄牛在不同时期的生长发育

阶段	性别	头数	体重（kg）	体高（cm）	体斜长（cm）	胸围（cm）	管围（cm）
初生	公牛	21	16.07±2.54	58.86±3.36	48.88±4.73	59.26±3.44	9.21±0.68
	母牛	26	14.56±2.48	57.81±3.03	47.81±3.02	58.87±3.43.72	8.67±0.80
6月龄	公牛	16	100.78±19.33	87.34±4.71	89.22±7.34	111.50±9.54	12.88±0.83
	母牛	22	92.80±9.60	85.61±3.41	87.86±5.14	107.57±4.15	12.15±0.48
12月龄	公牛	17	147.54±29.46	96.96±6.36	100.04±6.02	125.92±9.95	14.19±0.78
	母牛	17	145.18±29.46	97.29±4.11	102.50±6.79	124.74±5.24	13.62±0.49
18月龄	公牛	10	207.85±38.73	109.10±4.27	114.20±7.22	144.85±9.84	15.80±0.89
	母牛	15	178.13±24.50	104.37±2.97	107.93±5.99	134.50±5.80	14.30±0.59
24月龄	公牛	9	213.20±32.51	110.70±3.79	118.00±5.62	146.20±9.01	15.56±0.81
	母牛	16	197.75±31.24	105.71±3.86	117.22±4.00	141.38±6.82	14.44±0.91
成年	公牛	111	334.47	117.89	129.59	165.93	18.75
	母牛	100	255.1±50.6	107.08±4.26	126.38±8.10	159.18±9.88	15.41±2.39

3. 役用性能

隆林黄牛个体较大，体型好，具有较强耐劳和耕作能力。据《广西家畜家禽品种志》介绍：一头成年公牛每小时能耕水田约334 m²，每天可耕2 334～3 535 m²，可犁、耙地2 800～3 168 m²，旱地1 980 m²。母黄牛每小时能耕水田约267 m²，每天最多可耕1 667 m²，每小时能耕地334 m²，每天最多可耕2 000 m²，工作后一个小时可恢复正常生理状态。用木胶轮车（车重120 kg）在较平坦的泥路，公牛可拉300～400 kg，母牛可拉300～350 kg，一天可行走20 km左右。阉割公牛载重250～350 kg，挽力278 kg，在泥质公路上拉木胶轮车，一般可日行23 km。个别公牛短途最大载重量可达 1 000 kg。

　　4. 乳用性能

　　根据广西壮族自治区畜牧研究所提供的资料显示：泌乳期天数为 225 天，产乳量为 300 kg。乳的成分：蛋白质 3.8%；乳脂率 4.3%；乳糖 5.2%；干物质 14.1%；比重 1.029 g/cm³；非脂固体 9.8%；pH 值 6.63。

　　隆林黄牛个体较大，用该品种与外来血缘的黄牛品种进行杂交，其产奶性能有较大的潜力。根据广西壮族自治区畜牧研究所资料，10 头荷杂一代共 36 胎次、1 ～ 7 胎，平均泌乳期（297.75±81.30）天，平均泌乳量（1 913.18±690.02）kg（折合标准乳 2 439 kg），若以 305 天计，产奶量可达 1 960 kg（折合标准乳 2 499 kg）。而西杂一代 1 ～ 3 胎，泌乳期平均（319.6±77.1）天，产奶（1 822.7±605.5）kg。因此，隆林黄牛经过杂交改良后，产奶量明显提高，是广西较理想的黄牛杂交组合母本之一。

五、屠宰性能和肉质性能

　　隆林县水产畜牧兽医部门，在隆林县屠宰场进行产肉性能屠宰试验。公牛、母牛屠宰率等平均结果详见表 5。

表 5　隆林黄牛产肉性能成绩

项目	母牛	公牛
年龄（岁）	4	4
活重（kg）	231.2	320.5±13.8
胴体重（热胴体）（kg）	105.5	182.0±17.0
净肉重（kg）	84.5	142.6±11.2
骨重（kg）	20.0	32.0±14.5
屠宰率（%）	45.6	56.7±3.4
净肉率（%）	36.5	44.5±2.5
胴体产肉率（%）	80.0	82.1±2.5
眼肌面积（cm²）	51.2	65.3±3.4
肉骨比	4.2∶1	（4.5±1.3）∶1
熟肉率（%）	62.5	62.4±0.5
5 ～ 6 腰椎皮厚（cm）	0.4	0.9±0.2
最后腰椎皮厚（cm）	0.6	0.7±0.4
大腿肌肉厚（cm）	24.5	25.5±0.2
腰部肌肉厚（cm）	6.1	5.8±0.4
5 ～ 6 胸椎膘厚（cm）	0.7	0.3±0.2
十字部膘厚（cm）	0.8	0.8±0.2

　　表5中隆林黄牛公牛、母牛屠宰率分别为56.7%和45.6%，与1987年的52.1%和52.4%比，公牛略有提高，而母牛略有下降。

　　屠宰后取背最长肌2～8℃冷藏12小时后由广西区分析测试研究中心进行检测，其主要化学成分见表6。

表6　背最长肌主要化学成分

样品号	热量 （kJ/100g）	水分 （%）	干物质 （%）	蛋白质 （%）	脂肪 （%）	膳食纤维 （%）	灰分 （%）
1（3头公牛混合采样）	483.0	74.8	25.2	19.6	3.40	0.04	1.04
2（公牛）	537.5	73.2	26.8	20.3	4.76	0.00	1.06
3（母牛）	518.8	75.0	25.0	18.3	5.26	0.00	0.98
平均（$\bar{x}\pm s$）	513.1±27.69	74.33±0.98	25.66±0.98	19.40±1.04	4.47±0.96		1.00±0.04

南丹黄牛

一、产地及分布

南丹黄牛（Nandan cattle）在特定的环境条件下选育和培育而成的役、肉兼用型地方黄牛品种。是广西壮族自治区优良地方黄牛品种之一。

南丹黄牛中心产区在广西壮族自治区南丹县境内，境内又以中堡、月里、里湖、八圩4个乡、镇为主。分布产区是在该县的其他13个乡、镇及相邻的环江县、天峨县、东兰县、金城江区等地，并逐步扩展到毗邻的贵州省边境市、县，该品种的数量已形成一定的规模，目前在南丹县六寨镇建立了一个两省之间较大的牛市，给双边贸易带来新的生机。

二、体形外貌

（一）被毛颜色、长短与肤色

南丹黄牛基础毛色以黄褐色或枣红色为主，多数牛全身毛色一致。据39头公牛和153头母牛统计，公牛黄褐色或枣红色占73%，其他占27%。母牛黄褐色或枣红色占92%，其他占8%。四肢下部为浅黄或黑褐色，少量牛有背线，特别是年长的公牛较多，尾扫毛多为黑色，间有呈蜡黄色，毛细短而直且有光泽，少量有晕毛和局部淡化。尾梢颜色以黑褐色和蜡黄色为主。

鼻镜多以黑褐色和粉肉色为主，其中公牛黑褐色占73%，粉色占22%，其他占5%；母牛黑褐色占88%，粉色占11%，其他占1%。眼睑、乳房为粉肉色。

（二）外貌特征

1. 体形特征

南丹黄牛体形中等，体形结构较好，背腰平直，四肢健壮，体躯紧凑、体质结实，全身结构匀称，性情温驯，爬山灵活而有力。

2. 头部与颈部特征

头较宽短，公牛头雄壮，母牛则较清秀，额宽平，眼大而明亮敏锐，鼻梁狭而端正，鼻镜与口唇较大。角的形状以倒"八"字居多，公牛倒"八"字约占 93%，角长度在 13 ～ 24 cm 不等，母牛角的形状比较多，倒"八"字角占 53%，小圆环占 18%，铃铃角占 16%，其他占 13%，但角型明显短小，松动的角罕见。角色以黑褐色为主，其中公牛角黑褐色占 61%，蜡黄色占 17%，黑褐纹占 22%。母牛角黑褐色占 85%，蜡黄色占 10%，黑褐纹占 5%。

公牛颈粗厚重，母牛颈部较轻薄，头颈与躯干部结合良好。耳型平直、耳壳薄、耳端尖钝而灵活。

3. 躯干特征

公牛前躯特征表现为鬐甲高厚，肩峰高达 10 ～ 15 cm，肩长而平，母牛肩峰则不明显或较低而平薄。胸部较深宽，公母颈垂都较发达，胸垂较小。中后躯特征表现为背腰平直、略短，腰角突出，尻形短斜，臀中等宽。母牛乳房较小，质地柔软，乳头呈圆柱状，乳头大如钢笔套，长 3 ～ 4 cm，乳静脉不够显露，少数母牛的乳房上着生稀毛。公牛阴囊颈短，生殖器官顶端周围长有长度 2 ～ 5 cm 不等的阴毛。

4. 四肢特征

肢势一般正直，前腿间距较宽，后腿间窄，少数牛后肢外弧。蹄质细致坚固。蹄色以黑褐和蜡黄色为主，其中公牛黑褐色占 83%，蜡黄色占 15%，黑褐纹占 2%；母牛黑褐色占 93%，蜡黄色占 7%。

5. 尾部特征

尻形短斜，臀中等宽。尾根大小适中，尾端长过后肢飞节。

南丹黄牛　公牛

南丹黄牛　母牛

三、体尺和体重

1. 体尺和体重

被测量牛群在农村自然放牧，不补充任何精料的情况下，随机抽样测量登记 3 岁以上的成年公牛 39 头，成年母牛 153 头，体重则按计算公式进行估算。根据这次普查和测量结果，南丹黄牛公牛的平均体高 109.3 cm，体重 248.1 kg；母牛的平均体高 104.9 cm，体重 211.4 kg。详见表 1。

表 1　南丹黄牛在不同时期体尺、体重比较

时间（年份）	性别	测定数量（头）	体高（cm）	体斜长（cm）	胸围（cm）	管围（cm）	体重（kg）
2005	公牛	39	109.3±6.5	120.1±11.0	147.8±12.5	16.0±1.6	248.1±61.0
	母牛	153	104.9±5.1	117.3±8.7	139.2±6.9	13.8±1.4	211.4±32.0
1987	公牛	25	122.4±6.7	140.3±6.6	168.5±10.6	17.8±0.9	355.3±60.4
	母牛	150	110.7±3.7	121.8±4.3	153.9±5.8	15.4±1.0	260.7±30.3

2. 体型指数

南丹黄牛体型中等，体态匀称，结构紧凑，为广西较为理想的役、肉兼用品种之一。其体型指数等详见表 2。

表 2　南丹黄牛在不同时期体型指数比较

时间（年份）	性别	测定数量（头）	体长指数（%）	胸围指数（%）	管围指数（%）
2005	公牛	39	109.8	135.2	14.7
	母牛	153	111.7	132.6	13.1
1987	公牛	25	114.6	137.7	14.5
	母牛	150	110.1	139.0	13.9

由于当地群众对黄牛的饲养管理较粗放，方式原始，没有系统地做好选种选育工作，近亲繁殖现象较严重。加上在市场经济的冲击下，牛的用途已发生较大的变化，当地农民把体形大、膘情好的牛（特别是公牛）投放到市场进行流通、交易，造成该品种整体素质下降，主要表现在个体体形偏小。

四、生产性能

1. 繁殖性能

据《广西家畜家禽品种志》记载及调查结果表明，南丹黄牛性成熟稍晚，繁殖力强，利用年限长，泌乳性能较差，其繁殖性能如下所述。

（1）性成熟年龄：31 头育成母牛初情期平均为（912.0±157.5）日龄，公牛在 18～24 月龄。

（2）初配年龄：35 头母牛初配平均为（1 044.2±178.3）日龄，38 头初产母牛平均为（1 347.5±188.7）日龄。公牛初配在 24～30 月龄。

（3）繁殖季节：全年均可繁殖配种，但多集中在 4—10 月。

（4）发情周期：4—6 月发情最多，占总数的 73.4%，发情期 2.5 天，周期为（19.6±1.4）天。12 头各龄母牛 15 胎产后（173.9±159.8）天发情。

（5）妊娠期：37 头各龄母牛 48 胎孕期平均为（279.9±1.7）天，44 头各龄母牛 70 胎产仔间隔平均为（477.0±175.2）天。

（6）犊牛出生重：公牛平均出生体重为 15.7 kg，母牛平均出生体重为 15.3 kg。

（7）犊牛断奶量（6 月龄）：公牛 75 kg，母牛 68 kg。

（8）哺乳期日增重（0 至 6 月龄）：公牛 0.33 kg，母牛 0.29 kg。

（9）犊牛成活率及死亡率：到断奶月龄时共死亡 24 头，犊牛成活率为 96.0%，犊牛死亡率为 4.0%。

2. 生长发育

测定牛群在自然放牧、不补料的情况下，牛只的生长发育指标如表 3 所示。初生体重约 15 kg，6 月龄约 75～83 kg，1 周岁 100 kg，二周岁 173 kg。公犊、母犊在半岁和周岁时，其体高、体斜长、胸围分别达到成年牛的 50% 和 60% 以上；周岁体重达到成年的 28% 和 40%。说明由初生到周岁生长发育最快，这个时期母犊生长较公犊快。

表 3　南丹黄牛生长发育情况

阶段	性别	头数	体重（kg）	体高（cm）	体斜长（cm）	胸围（cm）	管围（cm）
初生	公牛	32	14.76±1.03	63.67±1.53	57.33±3.97	63.67±1.16	—
	母牛	40	14.72±0.63	62.67±3.06	54.33±3.21	61.00±1.00	—
6月龄	公牛	10	75.10±8.90	78.40±1.73	79.70±6.08	87.93±6.96	10.86±0.81
	母牛	10	82.85±9.80	78.57±1.73	79.57±5.33	89.43±5.48	11.42±0.36
1岁	公牛	9	100.20±37.94	99.60±7.50	95.60±4.58	116.40±8.22	11.80±0.84
	母牛	9	105.10±32.25	98.80±2.06	90.00±3.16	114.60±7.07	12.00±1.23
2岁	公牛	3	172.83±12.85	104.33±2.08	108.33±3.22	133.33±3.06	15.50±0.50
	母牛	3	171.83±9.52	99.35±3.51	102.66±1.53	135.66±5.03	13.66±0.58
3岁	公牛	3	241.83±9.36	112.33±2.52	120.66±0.58	149.00±4.58	10.16±0.29
	母牛	3	202.83±7.32	104.00±2.65	113.33±2.08	145.60±5.51	14.67±0.29
4岁	公牛	3	286.00±14.42	119.00±1.00	127.67±2.52	159.33±2.31	17.67±0.58
	母牛	3	233.17±2.38	109.61±1.53	118.00±1.73	151.67±1.53	14.50±0.50
成年	公牛	10	390.40±51.30	124.90±4.83	141.30±5.37	173.00±7.53	17.00±0.66
	母牛	10	248.90±24.60	111.40±7.23	124.70±3.94	151.30±9.94	15.60±0.01

3. 役用性能

据当地畜牧部门介绍和《广西家畜家禽品种志》记载：南丹黄牛一般只作耕地使用，适宜在山坡、平地、旱地耕作，役力持久，用当地的黄牛公牛、母牛各 5 头，犁沙质壤土，公牛每小时耕地 433m²，母牛 273m²。在山区泥土平路上拉木胶轮车，车重约 120 kg，公牛可载重 300 ~ 500 kg，母牛可载重 300 ~ 450 kg。役牛经常攀登坡度大于 45° 的崎岖乱石山路，月里牛场的牛群（70 ~ 100 头）用 6 分钟爬越 45° 的草坡 100 m 距离，下坡仅要 3.5 分钟。

4. 乳用性能

据南丹县畜牧部门介绍，当地黄牛在自然放牧而不补任何精料的情况下，用最高日产奶法粗略估测 1 胎和 3 胎母牛各 1 头，泌乳期的产乳量折为 285 kg 和 305 kg，泌乳期天数为 270 天，但未做乳成分分析。

五、屠宰性能和肉质性能

屠宰测定结果详见表 4。

表 4　南丹黄牛产肉性能成绩

项目	阉公牛	公牛	母牛
年龄（岁）	6	4.5	5
活重（kg）	239.0	281.0	205.5±46.3
胴体重（热胴体）（kg）	109.9	136.3	93.0±17.1
净肉重（kg）	93.0	96.1	74.2±14.3
骨重（kg）	15.7	35.2	19.4±2.9
屠宰率（%）	45.9	48.5	45.5±1.8
净肉率（%）	38.9	34.2	36.2±1.1
胴体产肉率（%）	84.6	70.5	79.6±0.8
眼肌面积（cm²）	58.7	63.4	54.1±8.0
肉骨比	5.9∶1	2.7∶1	3.8±0.1∶1
熟肉率（%）	61.0	58.0	63.1±2.6
5～6腰椎皮厚（cm）	0.5	0.5	0.5±0.2
最后腰椎皮厚（cm）	0.5	0.5	0.6±0.0
大腿肌肉厚（cm）	18.0	23.5	18.3±1.6
腰部肌肉厚（cm）	3.4	5.5	4.1±0.2
5～6胸椎膘厚（cm）	0.1	0.1	0.1±0.0
十字部膘厚（cm）	0.5	0.6	0.6±0.3

肌肉主要化学成分：屠宰后取背最长肌冷藏 12 小时后送广西区分析测试研究中心检测，其主要化学成分见表 5。

表 5　背最长肌主要化学成分

样品号	热量（kJ/100 g）	水分（%）	干物质（%）	蛋白质（%）	脂肪（%）	膳食纤维（%）	灰分（%）
1（公牛）	513.7	73.5	26.5	21.5	3.8	—	1.0
2（阉公）	383.2	77.4	22.6	20.8	0.8	—	1.0
3（母牛）	447.5	74.8	25.2	22.5	1.7	—	1.0
4（母牛）	430.6	75.3	24.7	22.0	1.5	—	1.0
5（母牛）	410.3	75.8	24.2	21.7	1.0	—	1.0
母牛平均	429.5±18.6	75.3±0.5	24.7±0.5	22.1±0.4	1.4±0.3	—	1.2±0.1
全部平均	437.1±49.1	75.4±1.4	24.6±1.4	21.7±0.6	1.7±1.2	—	1.1±0.1

南丹县水产畜牧局进行南丹黄牛调查时也采集了背最长肌冷冻后送广西区分析测试研究中心检测，结果为：水分 75.2%，干物质 24.8%，蛋白质 22.6%，脂肪 0.62%，膳食纤维 0.04%，灰分 1.07%，热量 416 kJ/100 g。

涠洲黄牛

一、产地及分布

涠洲黄牛（Weizhou cattle）是广西优良的役、肉兼用型地方黄牛品种之一。

涠洲黄牛的中心产区是广西北海市的涠洲和斜阳两岛，2003 年存栏 1 803 头。北海市的合浦县、银海区、铁山港区也有少量分布。

二、体型外貌

据调查，涠洲黄牛毛色多为黑色和黄褐色，公牛黑色占 55%，黄褐色占 45%。母牛黄褐色占 73%，黑色占 27%。腹下及四肢下部颜色较浅，略呈白色，有局部淡化。尾帚为黑色或黑褐色居多。鼻镜黑褐色占 97%，粉色（肉色）占 3%。眼睑、乳房为粉肉色。全身被毛短而细密，柔软而富有光泽。

涠洲黄牛头长短适中，额平。公母牛颈粗短而肉垂较发达，头颈与躯干部结合良好。角基粗圆，多呈倒"八"字形，角色多为黑褐色。公牛肩峰明显，平均高达 12.4 cm。母牛不明显。中后躯较深广，胸围较大，背腰平直，肋骨开张。母牛乳房发育良好，乳头匀称。四肢粗壮稍矮，蹄质坚实。尻部稍斜，尾帚长过飞节。

涠洲黄牛 公牛

涸洲黄牛　母牛

三、体尺和体重

涸洲黄牛品种调查组对长期不补精料的涸洲黄牛实地调查测量，3 岁以上公牛、成年母牛的体尺、体重、体型指数见表 1、表 2。

表 1　涸洲黄牛体尺、体重

性别	测定数量（头）	平均年龄（岁）	体高（cm）	体斜长（cm）	胸围（cm）	管围（cm）	体重（kg）
公牛	38	3.18	112.1±6.5	125.3±8.6	158.7±11.4	16.1±1.0	295.8±59.0
母牛	173	5.37	104.3±4.3	118.2±6.2	148.5±8.8	13.8±0.8	242.9±37.0

表 2　体型指数

性别	体长指数（%）	胸围指数（%）	管围指数（%）
公牛	111.7	138.0	14.3
母牛	113.3	142.3	13.1

2019 年 12 月，自治区畜牧站在涸洲岛对 4 户涸洲黄牛养殖专业户饲养的 5 头 1～2 岁的公牛、25 头 1.5～10 岁（大多数为 3～6 岁）的成年母牛进行了现场测定，成绩为：公牛体高（111.2±7.98）cm，体斜长（125.8±9.34）cm，胸围（159.2±13.92）cm，管围（17.6±1.34）cm，体重（299.91±71.81）kg。母牛体高（110.76±4.28）cm，体斜长（136.00±8.39）cm，胸围（163.76±6.95）cm，管围（16±0.91）cm，体重（338.85±41.63）kg。

与历年资料比较，牛群遗传性能稳定，体尺、体重基本上没有退化，并稍有提高。涠洲黄牛母牛的生长发育情况见表3。

表3　涠洲黄牛母牛生长发育指标

年龄	头数（头）	体高（cm）	体斜长（cm）	胸围（cm）	管围（cm）	体重（kg）	备注
初生	6	—	—	—	—	14.0	
1岁	12	90.3	100.6	114.8	12.0	124.4	
2岁	16	98.2	108.9	129.8	13.2	170.8	
成年	151	101.9	114.4	137.7	13.9	196.8	1981年测
成年	173	104.3	118.2	148.5	13.8	242.9	2004年测

四、生产性能

1. 繁殖性能

涠洲黄牛性早熟，公牛8月龄、母牛10月龄已达到性成熟。初配年龄公牛在16～18月龄、母牛在14～16月龄。母牛一年四季可发情配种，但在6—9月较多。发情周期18～22天，发情持续时间24～48小时。一般产后4～6周发情。母牛妊娠期（276±5.8）天。犊牛初生重，公牛为15 kg，母牛为14 kg。6月龄体重，公牛为96.3 kg，母牛为90.3 kg，平均日增重公牛为0.45 kg，母牛为0.42 kg。犊牛成活率98.2%。公牛、母牛利用年限15～16岁。

2. 生产性能

选择涠洲黄牛公牛、阉割公牛各1头，在特定土壤条件下进行60分钟犁耕测定，每小时犁地727 m²，休息30～60分钟后体温、呼吸和脉搏恢复正常。

选择9岁阉割公牛1头，拉木轮车，车轮直径120 cm，车重100 kg，载重465 kg，共重565 kg，行走在约5°坡的泥路上，17分钟完成1 000 m路程，行速为0.98 m/s，挽力为56.5 kg。停役后20分钟基本恢复正常体温、呼吸和脉搏。

五、屠宰性能和肉质性能

在当地进行屠宰测定，其产肉性能见表4。

表 4　涠洲黄牛产肉性能

牛编号	1	2	3	平均
年龄（岁）	4	4	3	—
活体重（kg）	284.0	311.0	297.0	297.3±13.5
胴体重（kg）	153.6	156.7	158.1	156.1±2.3
净肉重（kg）	129.3	131.0	131.4	130.6±1.1
骨重（kg）	21.2	21.9	24.5	22.5±1.7
屠宰率（%）	54.0	50.3	53.2	52.5±1.9
净肉率（%）	45.5	42.1	44.2	43.9±1.7
胴体产肉率（%）	84.2	83.6	83.1	83.6±0.5
眼肌面积（cm²）	117.4	113.8	128.0	119.7±7.3
肉骨比	6.1∶1	5.9∶1	5.3∶1	（5.8±0.3）∶1
熟肉率（%）	72.2	66.6	66.6	68.5±3.2
5～6腰椎皮厚（cm）	0.3	0.5	0.4	0.40±0.10
最后腰椎皮厚（cm）	0.6	0.7	0.6	0.63±0.06
大腿肌肉厚（cm）	22.0	22.0	25.0	23.0±1.7
腰部肌肉厚（cm）	6.0	4.3	5.0	5.1±0.8
5～6胸椎膘厚（cm）	1.9	0.4	0.4	0.9±0.9
十字部膘厚（cm）	3.7	0.9	0.7	0.8±1.6

　　分别取上述牛只第8～11肋后缘样块肌肉（去掉背最长肌）冷藏12小时后送广西区分析测试研究中心检测，肉的主要成分见表5。

表 5　牛肉主要成分

牛编号	热量（kJ/100 g）	水分（%）	干物质（%）	蛋白质（%）	脂肪（%）	膳食纤维（%）	灰分（%）
1	444.2	75.6	24.4	23.0	1.40	—	1.03
2	417.3	75.8	24.2	22.2	1.05	—	1.02
3	432.5	76.0	24.0	22.6	1.27	—	0.88
平均	431.3±13.5	75.8±0.2	24.2±0.2	22.6±0.4	1.24±0.18	—	0.98±0.08

　　抽取涠洲黄牛背最长肌，冷藏12小时后送上述单位进行检测，其主要成分见表6。

表 6　背最长肌主要成分

牛编号	热量（kJ/100 g）	水分（%）	干物质（%）	蛋白质（%）	脂肪（%）	膳食纤维（%）	灰分（%）
2004 年 0 号	483.0	73.8	26.2	22.2	2.73	0.04	1.10
2005 年 1 号	389.2	78.4	21.6	17.1	1.86	—	0.99
2005 年 2 号	378.1	78.6	21.4	18.2	1.57	—	1.10
2005 年 3 号	446.8	75.9	24.1	19.7	2.56	—	0.98
平均	424.28 ±49.39	76.68 ±2.28	23.33 ±2.28	19.3 ±2.21	2.18 ±0.55	—	1.04 ±0.07

涠洲黄牛属役肉兼用牛，未做过乳用性能测定。

百色马

一、产地及分布

百色马（Baise horse）因主产于百色地区而得名，属驮挽乘兼用型地方品种。

主产于广西壮族自治区百色市的田林县、隆林县、西林县、靖西市、德保县、凌云县、乐业县和右江区等，约占马匹总数量的 2/3。分布于百色市所属的全部 12 个县（区）及河池市的东兰县、巴马县、凤山县、天峨县、南丹县，崇左市的大新、天等，南宁市的隆安县以及邻近云南省文山壮族苗族自治州的广南县、富宁县、马关县等。

二、体型外貌

（一）外型与体质

百色马成年体型具有矮、短、粗、壮，结构匀称，四毛（鬃、鬣、尾毛、距毛）浓密等特点，体质干燥结实，整体紧凑。

由于土山地区和石山地区的饲养条件不同，长期以来，百色马逐渐形成了土山马（中型）和石山马（小型）两种类型。土山地区的马较为粗壮，石山地区的马略呈清秀。

（二）外貌特征

头部短而稍重，额宽适中，鼻梁平直，眼圆大，耳小前竖，头颈结合良好；颈部短、厚而平，鬃、鬣毛浓密；鬐甲较平，肩角度良好；躯干较短厚；胸明显发达，肋拱圆；腹较大而圆；背腰平直；尻稍斜。四肢：前肢直立，腕关节明显，肩短而立，管骨直，姿势端正，后肢关节强大，飞节稍内靠。石山地区的马后肢多外弧。四蹄较圆，蹄质致密坚实，系长短适中，距毛密而长。尾毛长过飞节，甚至拖地。毛色，据对 443 匹马的调查结果，骝毛的 242 匹，占 54.62%；沙毛的 62 匹，占 14%；青毛的 25 匹，占 5.64%；其余为斑驳毛，黑毛、褐毛与栗色毛等，占 25.74%。可见百色马以骝毛的居多，占一半以上。

百色马 公马

百色马 母马

三、体尺、体重

（一）成年马体尺及体重

百色马成年马的体尺、体重如表 1 所示。

表 1 百色马体尺、体重

性别	统计匹数	体高（cm）	体斜长（cm）	胸围（cm）	管围（cm）	体重（kg）
公马	55	113.97±9.31	114.21±10.86	127.82±11.64	15.08±1.59	176.59±46.94
母马	242	109.73±5.40	107.88±14.02	126.59±8.08	13.95±1.42	161.84±34.43

（二）体态结构

百色马成年马的体型指数如表 2 所示。

表 2　百色马体型指数

性别	统计匹数	体长指数（%）	胸围指数（%）	管围指数（%）
公马	55	100.22±4.82	112.15±4.53	13.22±0.74
母马	242	101.19±11.53	112.65±5.42	16.53±1.11

四、生产性能

（一）役用性能

百色马一般马匹驮重 50～80 kg，在坡度较大的山路上，每小时走 3～4 km，日行 40～50 km；平坦路面每小时行 4～5 km，日行 50～60 km。据当地群众反映，最大驮重一般可达 200～250 kg，曾有驮过 350 kg 的马匹。

群众习惯使单马拉小型马车，车载重相当于驮重的 4～6 倍。单马挽驾可拉 300～500 kg。至于挽车的行走速度，是不讲究的，因为山区公路坡多，马匹挽车不论上坡下坡都是不能跑步的。

据在那坡测定，7 匹母马单马挽胶轮车载重 500 kg，行程 20 km，最快需时 1 h 11 min 10 s，最慢 1 h 25 min 25 s，平均 1 h 18 min 12 s。据测定，10 匹公马平均最大挽力为 230 kg（190～260 kg），占体重的 92%。

（二）运动性能

据百色马骑乘速力测定记录，跑完 1 000 m 用时 1 min 22.5 s～1 min 23.4 s；跑完 3 200 m 需时 5 min 41 s。1980 年 9 月在西林县测定 4 匹马，走 50 km，最快的 5 h 21 min 5 s，最慢的 5 h 51 min 31 s。

五、繁殖性能

百色马母马性成熟年龄一般为 10 月龄，2.5～3 岁开始配种。一般利用年限约 14 岁，最长达 25 岁。发情季节 2—6 月，多集中在 3—5 月，7 月以后发情明显减少。发情周期平均 22 天（19～32 天），怀孕期平均为 331 天（317～347 天）。幼驹出生重：公驹 11.32 kg，母驹 11.31 kg；幼驹断奶重：公驹 39.27 kg，母驹 38.86 kg；年平均受胎率：15 年的受胎率 84.04%，（后 8 年为 92.54%），1 年 1 胎的占 54%，3 年 2 胎的占 31%，终生可产驹 10 匹左右。幼驹育成率 94.76%。

马的人工授精在百色市没有开展过，20 世纪 80—90 年代，乐业县曾进行过利用公驴鲜精配母马的工作，受胎率约 45%。

德 保 矮 马

一、产地及分布

德保矮马（Debao pony），原名百色石山矮马，古时又称果下马，属于西南马系、山地亚系的一个品种。

经济类型：驮挽乘和观赏兼用型地方品种。

德保矮马中心产区为广西壮族自治区德保县的马隘乡、古寿乡、那甲乡、巴头乡、东凌、朴圩乡、敬德乡和扶平乡等8个乡，德保县其他乡镇及毗邻的靖西、那坡、田阳等县也有分布。

二、体型外貌

德保矮马体高较为矮小，体型结构协调，整体紧凑结实、清秀，小部分马较为粗壮；头稍显大，后躯稍小，四毛（鬃、鬣、尾、距）浓密，蹄型复杂，毛色有红、黄、黑、灰、白、沙毛及片花等，以骝毛居多。头长且清秀，额宽适中，少数有额星，鼻梁平直，个别稍弯，眼圆大，耳中等大，少数偏大或偏小、直立，鼻翼张弛灵活，头颈结合良好。颈长短适中，清秀，个别公马稍隆起，鬃、鬣毛浓密。鬐甲平直，长短、宽窄适中。胸宽、深、发达。腹圆大，向两侧凸出，稍下垂，后腹上收。背腰平直，前与鬐甲、后与尻结合良好。个别马有明显黑或褐色背线，宽约2～3 cm，界线明显清晰。尻稍小，肌肉发达紧凑，略倾斜。四肢端正，前肢直，后肢弓，部分马略呈后踏肢势，整体稍有前冲姿势。腕关节、飞节、系关节整结、坚实、强大，个别马有白斑或掌部白毛，部分马为卧系或立系。蹄型较复杂，蹄尖壁和蹄踵壁与地面形成的夹角部分马较大（80°左右）或较小（30°左右），且蹄尖壁向上翘起，掌部被毛长而浓密。尾毛浓密，长至地面。

据对德保县856匹矮马的统计，骝毛470匹，占总数的54.91%（其中，红骝毛262匹，黑骝毛45匹，褐骝毛69匹，黄骝毛94匹）；青毛135匹，占总数的15.77%（其中，灰青47匹，铁青36匹，红青11匹，菊花青10匹，斑青20匹，白青 11 匹）；栗毛 128 匹，占总数的 14.95%（其中，紫栗 35 匹，红栗 40 匹，黄栗 30 匹，朽栗 23 匹）；黑毛 58 匹，占总数的 6.78%（其中，纯黑 22 匹，锈黑毛 36 匹）；兔褐色 28 匹，占总数的 3.27%（其中，黄兔褐毛 6 匹，青兔褐毛 15 匹，赤兔褐毛 7 匹）；沙毛 21 匹，占总数的 2.45%；斑毛 16 匹，占总数的 1.87%（其中，黑斑 4 匹，黄花斑 4 匹，红花斑 8 匹）。少量马的头部和四肢下部有白章。

德保矮马　公马

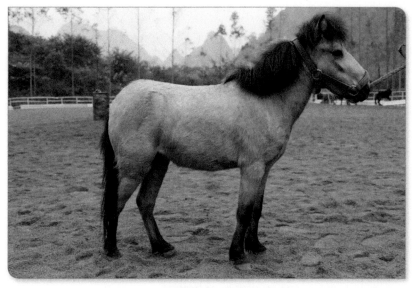

德保矮马　母马

三、体尺、体重

德保矮马体尺、体尺指数及估重见表1。

表1　德保矮马体尺、体尺指数及估重

性别	阶段	统计匹数	体尺（cm）				体尺指数（%）			估重（kg）
			体高	体长	胸围	管围	体长指数	胸围指数	管围指数	
公马	1岁以内	6	69.67±13.34	67.33±13.97	72.83±11.11	8.17±1.47	98.01±20.87	105.75±12.51	11.99±2.88	35.38±18.17
	1～2岁	14	96.21±5.71	94.93±6.79	101.86±6.49	11.61±1.00	98.67±4.01	105.91±4.22	12.07±0.89	92.10±16.95
	3岁以上	39	97.42±3.76	98.42±6.07	107.97±7.67	11.94±0.80	101.01±4.52	110.78±5.86	12.25±0.74	107.43±19.88
母马	1岁以内	4	77.00±12.25	69.25±15.00	78.75±17.35	9.38±1.49	89.36±6.97	101.59±8.52	12.18±0.48	44.03±26.02
	1～2岁	7	93.86±6.96	90.71±9.88	99.00±12.22	11.14±1.68	96.46±4.04	105.26±7.42	11.82±1.00	85.15±29.63
	2～3岁	17	91.59±2.90	88.65±5.71	95.71±6.23	10.94±0.75	96.74±4.23	104.45±5.03	11.95±0.70	75.68±12.60
	3岁以上	123	98.35±4.55	100.02±7.29	109.71±8.31	11.76±0.91	101.66±5.10	111.50±5.68	11.96±0.72	113.07±23.84

四、生产性能

德保矮马善于爬山涉水，动作轻便灵活，步伐稳健，在崎岖狭小的山路上载人或驮运货物都很可靠安全，常作为山路的骑乘、驮载工具，深受农户喜爱。德保县测定了德保矮马骑乘、驮载、拉车、跑路等性能，详见表2。

表2　德保矮马步伐速度测定

项目	路途长度（m）	匹数	负重（kg）	最快	最慢	平均
骑乘	1 000	3	62.5	9 min03 s	9 min 10 s	9 min 07 s
驮载	1 000	3	107.5	9 min 30 s	10 min 08 s	9 min 50 s
拉车	1 000	3	448.0	10 min 20 s	12 min 31 s	11 min 26 s
骑跑	1 000	3	63.8	3 min 10 s	3 min 49 s	3 min 30 s

五、繁殖性能

德保矮马一般10月龄开始发情。发情季节为2—6月，多集中在2—4月。发情周期平均为22天（19～32天）。初配年龄为2.5～3岁，初产期为3～4岁。怀孕期为（331.74±4.58）天。终生可产驹8～10匹，繁殖年限约14岁，最长达25岁。年平均受胎率为84.04%。幼驹育成率为94.76%。

隆 林 山 羊

一、产地及分布

隆林山羊（Longlin goat）是肉用型为主的山羊地方品种。原产于广西西北山区的隆林各族自治县，故称隆林山羊。以生长快、肌肉丰满、产肉性能好、屠宰率高而著称，是广西山区山羊中体格较大的品种之一。

隆林山羊中心产区为广西壮族自治区隆林各族自治县的德峨、蛇场、克长、猪场、长发、常么等乡镇。毗邻的田林县、西林县也有分布。

二、体型外貌

隆林山羊体格健壮，体质结实，结构匀称，肌肉丰满适中。头大小适中，额宽，母羊鼻梁平直，公羊稍隆起，耳直立，大小适中，耳根稍厚；公、母羊均有角和须髯，角扁形向上向后外呈半螺旋状弯曲，角有暗黑色和石膏色两种，白羊角呈石膏色，其他羊角呈暗黑色，须髯发达。颈粗细适中，少数母羊颈下有肉垂。胸宽

隆林山羊　公羊

深，背腰稍凹，肋骨拱张良好，后躯比前躯略高，体躯近似长方形。四肢端正粗壮，蹄色与角色基本一致，尾短小直立。被毛颜色较杂，以白色为主，其次为黑白花、褐色和黑色。其中白色占 38.25%，黑花毛色占 27.94%，褐色占 19.11%，黑色占 14.70%。腹下和四肢上部的被毛粗长，其发达程度与须髯密切相关，公羊特别明显。这是隆林山羊与广西其他山羊的主要区别之一。

隆林山羊　母羊

三、体尺和体重

组织有关专家对隆林县德峨、蛇场、克长、猪场、长发、常么等乡镇的成年公羊 34 只、成年母羊 115 只、1～2 岁母羊 51 只进行了测定，结果如表 1。

表 1　隆林山羊体尺、体重测量结果

羊群类别	成年公羊	成年母羊	1～2 岁母羊
平均年龄（岁）	1.87±0.77	2.84±0.84	1.43±0.17
体重（kg）	42.51±7.89	41.95±7.56	33.74±5.12
体高（cm）	65.10±4.64	61.18±3.67	58.50±3.48
体长（cm）	70.41±5.85	68.90±5.19	64.33±3.84
胸围（cm）	81.85±6.93	79.96±5.71	74.80±4.54
胸宽（cm）	18.74±1.85	17.84±1.78	16.35±1.15
胸深（cm）	32.09±2.81	30.06±3.36	18.14±1.72
尾宽（cm）	3.54±0.45	3.85±0.44	3.70±0.56
尾长（cm）	9.75±1.50	9.79±1.57	9.40±1.22

四、繁殖性能

据对 36 头产羔母羊统计，在一般农户粗放的饲养管理条件下，年平均繁殖力为 1.66 胎，83 胎次共产羔 162 只，平均产羔率为 195.18%，大部分母羊产双羔，也有产三羔和四羔的。

性成熟年龄一般约 4～5 月龄。初配年龄公羊为 8～10 月龄，母羊为 7～9 月龄。利用年限公羊一般为 5～6 岁，母羊一般为 8～10 岁。采用自然交配，在配种季节，将公羊放进母羊群中或公羊、母羊长年混群放牧，公羊母羊的搭配按 1：(15～30) 的比例。发情季节以夏、秋季节为主。发情周期为 19～21 天。发情持续期多数为 2～3 天。妊娠期 150 天左右。羔羊出生重 2.13 kg。羔羊体重 3 月龄 14.71 kg；6 月龄 23.37 kg。1 岁公羊 35.98 kg，母羊 34.23 kg。哺乳期日增重 140 g。

五、生产性能

在隆林县主产区德峨乡和扶绥县广西种羊场对 23 只隆林山羊（公 11 只、母 9 只、阉羊 3 只）进行屠宰测定，其结果见表 2。

表 2　隆林山羊产肉性能成绩

项目	头数	宰前活重（kg）	胴体重（kg）	屠宰率（%）	净肉重（kg）	净肉率（%）	肉骨比	眼肌面积（cm²）	大腿肌肉厚度（cm）	腰部肌肉厚度（cm）	皮厚（cm）
阉羊	3	38.50 ±4.44	17.73 ±1.42	49.44 ±9.77	11.27 ±1.23	29.71 ±6.02	3.31 ±0.67	8.87 ±2.83	8.17 ±1.76	3.33 ±1.26	0.29 ±0.09
成年公羊	9	40.89 ±12.00	19.55 ±6.39	48.07 ±3.38	12.22 ±4.00	30.02 ±4.36	3.28 ±0.54	11.62 ±5.41	6.64 ±1.12	2.87 ±1.01	0.31 ±0.07
成年母羊	11	37.53 ±7.51	16.53 ±3.91	46.00 ±5.05	10.13 ±3.75	28.84 ±3.75	4.10 ±1.33	8.55 ±3.48	6.17 ±0.72	2.41 ±0.93	0.27 ±0.07

在屠宰测定的同时，对部分羊肉进行了检测分析，其结果如表 3。

表 3　隆林山羊背最长肌主要化学成分

羊群种类	头数	热量（kJ/100 g）	水分（%）	干物质（%）	蛋白质（%）	脂肪（%）	灰分（%）
公羊	4	406.28 ±20.98	76.28 ±0.87	23.73 ±0.87	21.53 ±0.87	0.95 ±0.32	1.00 ±0.03
阉羊	3	501.00 ±50.81	74.60 ±1.04	25.40 ±1.04	20.30 ±1.45	4.06 ±1.79	0.97 ±0.03
母羊	7	497.37 ±179.36	74.69 ±4.56	25.31 ±4.56	20.21 ±0.99	3.95 ±4.83	0.97 ±0.05

都 安 山 羊

一、产地及分布

都安山羊（Du'an goat），商品俗名也称马山黑山羊。产于都安县及其周围各县的石山地区，中心产区在都安县，故称都安山羊。都安山羊是分布于广西境内饲养群体数量最多的地方优良品种之一。该品种于 1985 年列入《中国家畜品种及其生态特征》，1987 年载入《广西家畜家禽品种志》，正式命名为都安山羊。属肉用型山羊地方品种。

原产于都安瑶族自治县，中心产区为该县的地苏、保安、澄江、龙湾、菁盛、拉烈、三只羊等乡镇，周围的马山、大化、平果、东兰、巴马、忻城等县石山地区有大量分布，隆安、兴宾、龙胜等县（区）以及其他平原丘陵地区也有一定数量分布。

二、体型外貌

都安山羊体型较小，骨骼结实，结构紧凑匀称，肌肉丰满适中。头稍重，额宽平，耳小竖立向前倾，眼睛明亮有神，鼻梁平直，公羊稍隆起，颈稍粗，部分山羊有肉垂；躯干近似长方形，胸宽深，前胸突出，肋弯曲开张，背腰平直，腹大而圆。十字部比鬐甲部略高，尻部稍短狭向后倾斜，尾短小上翘，肢长与胸深相当，四肢稍短，健壮坚实，蹄形正，肢势良好，四肢间距宽，动作灵活有力。蹄质坚硬，蹄间稍张开，蹄色呈暗黑或玉黄色。公羊、母羊均有须有角，角向后上方弯曲，呈倒"八"字形，其色泽多为暗黑色。公羊睾丸匀称，中等大小，登山时无累赘感，母羊乳房形似小圆球，多数为两个乳头，向前外方分开。

被毛以全白、全黑为主，灰和麻花等杂色次之。2006 年 11 月调查组对都安县 132 只山羊的毛色进行分类统计：白色 34.85%，黑色 30.30%，麻花色 16.67%，灰色 10.60%，黑白花色 7.58%。而对马山县 148 只山羊毛色进行统计为，黑色占 81.08%，棕黑色 10.14%，棕黄色 8.11%，黑白花色占 0.68%。种公羊的前胸、沿背线及四肢上部均有长毛，被毛粗长而微卷曲；母羊被毛较短直；皮薄富有弹性。

近年来根据市场需求导向，部分地区选留的毛色趋向于黑色为主。

都安山羊 公羊

都安山羊 母羊

二、体尺和体重

对都安县地苏、澄江、保安、加贵、三只羊等5个主产区，马山县白山、古零、百龙滩、金钗等4个主要产区成年羊体尺、体重进行随机抽样测定，结果见表1。

表 1　都安山羊成年羊体重和体尺

性别	只数	体重（kg）	体高（cm）	体长（cm）	胸围（cm）	胸宽（cm）	胸深（cm）	管围（cm）
公羊	30	41.88 ±4.41	61.25 ±4.09	73.97 ±3.80	81.70 ±5.22	19.67 ±1.79	30.55 ±2.29	9.22 ±0.66
母羊	99	40.56 ±6.01	58.43 ±3.86	73.19 ±5.10	81.25 ±6.00	19.65 ±2.51	29.40 ±2.83	8.88 ±0.80

四、繁殖性能

性成熟年龄：公羊 5 ～ 6 月龄，体重 12 ～ 16 kg；母羊 6 ～ 7 月龄，体重 11 ～ 15 kg。配种年龄：公羊 7 ～ 8 月龄，体重 13 ～ 22 kg；母羊初配 8 ～ 10 月龄，体重 12 ～ 20 kg。使用年限：公羊 6 ～ 7 年，以 3 ～ 5 岁配种效果最佳；母羊 7 ～ 8 年，最高可达 11 年。发情季节：终年均有发情，以 2—5 月和 8—10 月居多。发情周期 19 ～ 22 天，平均 21 天；发情持续期 24 ～ 48 小时；怀孕期 150 ～ 153 天，平均 151 天。当地养羊一般安排在 2—5 月配种，8—10 月产羔。产羔率为 115%。饲养条件差的地区多为 1 年 1 胎，条件较好的地区则为两年 3 胎，但也有不少能年产两胎的。据对 104 只母羊产羔情况的调查，产双羔的有 53 只，占 50.96%；产单羔的有 50 只，占 48.08%；产三羔的有 1 只，占 0.96%；成年母羊年均产羔 1.66 胎，年均产羔 2.53 只。

羔羊初生重公羊（1.93±0.48）kg（n=97），母羊（1.87±0.51）kg（n=81）；羔羊 6 月龄断奶体重公羊（13.06±0.59）kg（n=92）；母羊（12.90±0.38）kg（n=75）；哺乳期日增重公羊 61.83 g，母羊为 61.28 g。据对 157 只羔羊进行调查，羔羊成活数（断奶后）为 148 只，羔羊成活率为 94.27%，羔羊死亡率为 5.73%。

五、生产性能

广西水产畜牧兽医局组织有关专家调查组对都安山羊成年羊进行了屠宰测定，采集背最长肌样本送广西区分析测试研究中心检测，结果见表 2、表 3。

表 2　都安山羊成年羊屠宰测定结果

性别	只数	宰前活重（kg）	胴体重（kg）	屠宰率（%）	净肉重（kg）	净肉率（%）	肉骨比	眼肌面积（cm²）	大腿肌肉厚度（cm）	腰部肌肉厚度（cm）	皮厚（cm）
公羊	4	27.63 ±4.03	13.68 ±2.88	52.94 ±5.98	8.17 ±2.23	30.07 ±5.43	3.10 ±0.87	8.59 ±2.51	7.10 ±1.04	1.88 ±0.43	0.24 ±0.03

（续表）

性别	只数	宰前活重（kg）	胴体重（kg）	屠宰率（%）	净肉重（kg）	净肉率（%）	肉骨比	眼肌面积（cm²）	大腿肌肉厚度（cm）	腰部肌肉厚度（cm）	皮厚（cm）
羯羊	6	30.25 ±7.06	15.67 ±4.45	53.70 ±3.32	9.97 ±2.90	32.44 ±1.96	3.24 ±0.37	9.54 ±2.17	7.62 ±2.10	2.08 ±0.53	0.26 ±0.04
母羊	10	25.63 ±3.59	11.60 ±1.84	47.26 ±3.46	6.90 ±1.86	27.58 ±2.42	2.72 ±0.43	7.24 ±1.20	6.71 ±0.63	1.44 ±0.37	0.26 ±0.04

表 3　都安山羊背最长肌主要化学成分

性别	只数	热量（kJ/100 g）	水分（%）	干物质（%）	蛋白质（%）	脂肪（%）	灰分（%）
公羊	4	484.10 ±26.64	74.68 ±1.09	25.33 ±1.09	20.70 ±1.54	3.43 ±0.86	1.13 ±0.06
羯羊	4	575.73 ±59.89	72.13 ±1.67	26.45 ±2.98	16.33 ±8.10	11.79 ±11.16	1.07 ±0.04
母羊	7	484.67 ±76.05	74.86 ±2.02	25.14 ±2.02	20.37 ±0.55	3.61 ±2.02	1.11 ±0.08

　　都安山羊的泌乳量不高，在放牧饲养，不喂精料的条件下，日平均产乳量 0.2 kg（0.06～0.4kg），鲜乳含脂率 4.6%，水分 80.89%。

广西三黄鸡

一、产地及分布

广西三黄鸡（Guangxi Yellow chicken）俗名：三黄鸡，因喙黄、皮黄、胫黄而得名，属肉用型地方鸡品种。

传统中心产区为桂平麻垌与江口、平南大安、岑溪糯洞、贺州信都；经选育繁殖的三黄鸡主要在玉林、北流、博白、容县、岑溪等地；其次是分布在梧州、苍梧、贵港、钦州、灵山、北海、合浦、南宁、横县等市县；桂林、柳州、来宾、百色、河池也有零星饲养。鸡苗和肉鸡除销往广东、湖南、浙江、云南、海南等南方省市外。河南、四川等省市也有销售。

二、体型外貌

1. 雏鸡、成鸡羽色及羽毛重要遗传特征

雏鸡绒毛呈淡黄色。

传统的三黄鸡成年公鸡羽毛酱红色，颈羽色泽比体羽稍浅，翼羽带黑边，主尾羽与瑶羽黑色并带金属光泽。成年母鸡羽毛黄色，主翼羽和副翼羽带黑边或呈黑色，有的母鸡颈羽有黑色斑点或镶黑边。而经选育后的三黄鸡则因各公司选择的方向不同形成了浅黄、金黄、深黄等类型的毛色。如岑溪的古典型三黄鸡成年公鸡羽色以金黄色为基本色，颈羽比体羽色深，背羽颜色深于胸、腹羽，胸、腹部羽毛基本为黄色；母鸡羽毛颜色以淡黄色为基本颜色，颈羽比体羽色深，翼羽展开后才可见黑色条斑。博白三黄鸡成年公鸡颜色以深黄或酱红色为基本色而颈羽比体羽色淡，背羽颜色深于胸、腹羽，胸、腹部羽毛基本为黄色，翼羽和尾羽有黑色或蓝黑色条斑并带金属光泽；母鸡羽毛颜色以金黄色为主，颈羽比体羽色淡。

2. 肉色、胫色、喙色及肤色

肉白色。喙黄色，有的前端为肉色渐向基部呈栗色。脚胫、爪黄色或肉色。皮肤黄色。

3. 外貌特征

（1）体形特征：躯体短小而丰满，外貌清秀，屠宰去羽毛后的躯干形状略如柚子形，即前躯较小，后躯肥大，胸部两侧的肌肉隆起而饱满，后躯皮下脂肪比前躯丰足，整个背部光滑，髋骨与耻骨部位以及肛门附近饱满，富有皮下脂肪，皮质油亮而有光泽，毛孔排列整齐而紧密。

（2）头部特征：单冠、直立、颜色鲜红，冠齿 5 ～ 8 个，20 日龄公鸡冠明显比母鸡冠高大、鲜红。耳叶红色，虹彩橘黄色。

广西三黄鸡　公鸡（大型）

广西三黄鸡　母鸡（大型）

广西三黄鸡　公鸡（中型）

广西三黄鸡　母鸡（中型）

广西三黄鸡　公鸡（小型）

广西三黄鸡　母鸡（小型）

三、体尺、体重

传统的广西三黄鸡体型体重中等偏小，而选育后的广西三黄鸡基本分为小型、中型、大型 3 类。

1. 小型广西三黄鸡（以古典型岑溪三黄鸡为代表）

调查组对 32 只成年公鸡和 30 只成年母鸡体尺及体重进行测量，结果见表 1。

表 1　小型广西三黄鸡体尺及体重

项目	体斜长（cm）	龙骨长（cm）	胸深（cm）	胸宽（cm）	骨盆宽（cm）	胫长（cm）	胫围（cm）	胸角（°）	体重（kg）
公鸡	20.59 ±0.69	11.30 ±0.57	8.65 ±0.48	6.50 ±0.41	8.09 ±0.44	9.04 ±0.38	2.16 ±0.10	85.78 ±3.51	1.85 ±0.10
母鸡	17.91 ±0.43	8.57 ±0.53	6.81 ±0.28	5.66 ±0.30	6.98 ±0.36	7.21 ±0.28	3.09 ±0.09	82.93 ±3.16	1.34 ±0.05

2. 中型广西三黄鸡（以玉林的三黄鸡为代表）

2006 年 1 月 10—12 日，调查组分别在玉林巨东公司种鸡场、玉林参皇公司种鸡场、兴业春茂公司种鸡场随机对 300 日龄左右的成年广西三黄鸡抽样测定（公鸡 40 只、母鸡 44 只），结果见表 2。

表 2　中型广西三黄鸡体尺及体重

项目	体斜长（cm）	龙骨长（cm）	胸深（cm）	胸宽（cm）	骨盆宽（cm）	胫长（cm）	胫围（cm）	胸角（°）	体重（kg）
公鸡	21.4±1.0	11.3±0.7	9.0±0.4	6.7±0.7	7.5±0.7	8.7±0.3	4.2±0.2	88±2.8	2.1±0.2
母鸡	18.9±2.6	9.4±1.6	8.3±1.1	5.9±1.0	7.0±1.0	7.4±1.1	3.4±0.6	83±10	1.6±0.4

3. 大型广西三黄鸡（以博白三黄鸡为代表）

调查组在种鸡场随机抽样测定 280 日龄公鸡和 220 日龄母鸡各 30 只，结果见表 3。

表 3　大型广西三黄鸡体尺及体重

项目	体斜长（cm）	龙骨长（cm）	胸深（cm）	胸宽（cm）	骨盆宽（cm）	胫长（cm）	胫围（cm）	胸角（°）	体重（kg）
公鸡	22.06±0.89	12.02±0.81	8.62±0.38	5.85±0.41	8.25±0.41	9.29±0.43	4.80±0.24	89.07±1.98	2.71±0.29
母鸡	20.54±0.76	11.32±0.67	8.53±0.43	5.97±0.47	7.95±0.43	8.16±0.24	4.04±0.14	85.23±5.75	2.22±0.14

四、生产性能

（一）生长性能

1. 小型广西三黄鸡

根据岑溪市外贸鸡场有限公司的记录，小型广西三黄鸡初生到 13 周龄各周体重见表 4。

表 4　小型广西三黄鸡各周龄体重

周龄	1	2	3	4	5	6	7	8	9	10	11	12	13
公鸡（g）	35±5	56±5	87±5	125±10	168±17	230±25	280±32	370±62	480±84	570±97	660±110	740±125	850±146
母鸡（g）	40±5	63±5	100±5	142±10	190±18	265±25	322±32	430±75	540±98	630±111	740±130	850±140	990±160

2. 中型广西三黄鸡

根据玉林参皇公司种鸡场、兴业春茂公司种鸡场的生产统计，中型广西三黄鸡初生到 13 周龄各周体重见表 5。

表5 中型广西三黄鸡各周龄体重

周龄	1	2	3	4	5	6	7	8	9	10	11	12	13
公鸡 (g)	58 ±3	111 ±5	171 ±11	24 3±8	318 ±16	397 ±25	490 ±38	598 ±54	722 ±72	868 ±97	1 019 ±113	1 158 ±145	1 275 ±172
母鸡 (g)	55 ±3	101 ±6	154 ±6	210 ±9	269 ±12	333 ±19	405 ±25	492 ±41	589 ±58	693 ±74	788 ±96	876 ±118	957 ±136

3. 大型广西三黄鸡

根据种鸡场2005年的生产统计，大型三黄鸡90日龄、120日龄、130日龄体重见表6。

表6 大型广西三黄鸡90日龄、120日龄、130日龄体重

指标	公鸡	母鸡	阉鸡
日龄	90	120	130
体重（kg）	1.6～1.75	1.75～1.9	2.6～2.75
料重比	2.8：1	3.4：1	3.5：1

（二）屠宰性能和肉质性能

1. 屠宰性能

（1）小型广西三黄鸡：在岑溪市外贸鸡场有限公司随机抽样测定公鸡、母鸡各30只进行屠宰测定，结果见表7。

表7 小型广西三黄鸡13周龄、300日龄鸡屠宰测定成绩

项目	公（阉）鸡		母鸡	
	13周龄	300日龄	13周龄	300日龄
活重（g）		1 951.6±188.1		1 315.5±62.7
屠体重（g）	1 070.0	1 730.0±175.2	880	1 199.3±58.0
屠宰率（%）	93.0	88.60±1.1	91.7	91.20±1.1
半净膛重（g）	973.0	1 557.9±157.9	800.0	1 025.6±73.3
全净膛重（g）	900.0	1 270.6±126.2	740.0	833.2±60.5
腿肌重（g）	120.0	275.9±41.4	149.0	168.1±18.0
胸肌重（g）	180.0	205.5±28.2	116.0	143.8±17.3
腹脂重（g）	-	93.9±34.2	-	67.1±17.4

（2）中型广西三黄鸡：在玉林参皇公司、兴业春茂公司的肉鸡养殖基地随机抽样公鸡、母鸡各30只进行屠宰测定，结果见表8。

表 8 中型广西三黄鸡上市日龄屠宰测定成绩

项目	阉鸡（150～180 日龄）	母鸡（110～120 日龄）
活重（g）	2 257.3±318.9	1 340.0±110.4
屠体重（g）	1 972.5±355.1	1 201.7±109.2
屠宰率（%）	87.3±8.1	89.6±2.3
半净膛重（g）	1 821.4±306.2	1 059.5±106.1
全净膛重（g）	1 486.7±248.4	863.5±91.9
腿肌重（g）	314.7±61.1	181.1±18.9
胸肌重（g）	232.1±44.5	152.2±18.8
腹脂重（g）	124.4±61.1	59.1±18.5

（3）大型广西三黄鸡：在肉鸡养殖基地随机抽样 120 日龄公鸡、220 日龄母鸡各 30 只进行屠宰测定，结果见表 9。

表 9 大型广西三黄鸡屠宰成绩

项目	公鸡	母鸡
日龄（天）	120	220
活重（g）	2 466.00±121.35	2 187.33±117.93
屠体重（g）	2 136.67±124.42	1 944.67±121.29
屠宰率（%）	86.62±1.71	88.89±2.01
半净膛重（g）	1 983.33±121.99	1 643.33±116.84
全净膛重（g）	1 668.00±112.77	1 393.00±103.28
腿肌重（g）	457.80±39.17	322.67±41.66
胸肌重（g）	248.33±32.16	241.47±20.16
腹脂重（g）	19.13±17.86	63.17±32.97

2. 肉质性能

（1）小型广西三黄鸡：调查组做屠宰测定的同时，采阉鸡和母鸡胸肌鲜样送广西分析测试中心进行营养成分分析，结果见表 10。

（2）中型广西三黄鸡：调查组做屠宰测定的同时，采阉鸡和母鸡胸肌鲜样送广西分析测试中心进行营养成分分析，结果见表 11。

表 10　小型广西三黄鸡胸肌肉质检测结果

性别	采样地点	检测编号	水分(%)	干物质(%)	蛋白质(%)	脂肪(%)	灰分(%)	氨基酸总量(%)	肌苷酸(mg/100 g)	热量(kJ/100 g)
阉鸡	岑溪外贸鸡场	S06-ww01168	70.60	29.40	24.40	3.82	0.96	20.67	—	563.70
		S06-ww01167	68.60	31.40	23.00	7.45	1.01	19.55	—	674.10
		S06-ww01166	70.10	29.90	24.30	4.36	1.00	20.38	—	582.90
		S06-ww03078～081	—	—	—	—	—	—	357.00	—
		S06-ww03078～081	—	—	—	—	—	—	355.00	—
		平均	69.77	30.23	23.90	5.21	0.99	20.20	356.00	606.90
母鸡	岑溪外贸鸡场	S06-ww04326	71.90	28.10	24.40	2.60	1.15	20.43	372.00	513.80
		S06-ww01170	69.00	31.00	25.30	4.24	1.10	20.92	—	597.30
		S06-ww01169	68.60	31.40	23.40	7.01	1.05	19.62	—	663.20
		S06-ww03078～081	—	—	—	—	—	—	400.00	—
		S06-ww03078～081	—	—	—	—	—	—	371.00	—
		平均	68.80	31.20	24.35	5.63	1.08	20.27	385.50	630.25

表 11　中型广西三黄鸡胸肌肉质检测结果

性别	水分(%)	干物质(%)	蛋白质(%)	脂肪(%)	灰分(%)	氨基酸总量(%)	肌苷酸(mg/100 g)	热量(kJ/100 g)
阉鸡	70.59	29.41	24.06	4.28	1.01	20.27	337.57	573.19
母鸡	71.68	28.32	24.00	3.19	1.07	20.52	277.40	531.00

（3）大型广西三黄鸡：调查组做屠宰测定的同时，采阉鸡和母鸡胸肌鲜样送广西分析测试中心进行营养成分分析，结果见表 12。

表 12　大型广西三黄鸡胸肌肉质检测结果

性别	水分(%)	干物质(%)	蛋白质(%)	脂肪(%)	灰分(%)	氨基酸总量(%)	肌苷酸(mg/100 g)	热量(kJ/100 g)
阉鸡	71.20	28.80	25.30	2.31	1.14	20.72	310.00	518.70
母鸡	71.90	28.10	24.40	2.60	1.15	20.43	372.00	513.80

（三）繁殖性能

对 6 500 只种鸡进行生产统计，结果如下。

1. 开产日龄

小型广西三黄鸡 147 日龄；中型广西三黄鸡（105±18）日龄；大型广西三黄鸡 168 日龄。利用期 50 ～ 62 周。

2. 性能指标

繁殖性能指标见表 13。

表 13　繁殖性能指标

品种类型	62 周龄饲养日产蛋数（个）	种蛋受精率（%）	受精蛋孵化率（%）	蛋重（g）	就巢性（%）
小型	121	92	90	40±6	20
中型	135±15	92±2	90±2	40±6	20±2
大型	168	93	93	45±6	10

注：中型品种的数据来源于玉林参皇集团种鸡场、兴业春茂集团种鸡场的平均数，小型和大型品种的数据分别来源于岑溪外贸鸡场和北贸鸡场

霞烟鸡

一、产地及分布

霞烟鸡（Xiayan chicken）原名下烟鸡，又名肥种鸡，肉用型地方鸡品种。

原产于广西容县的石寨乡下烟村，主要分布于石寨、黎村、容城、十里等乡镇。鸡苗和肉鸡主要销往广东、湖南、浙江、海南等南方省市。

二、体型外貌

1. 雏禽、成禽羽色及羽毛重要遗传特征

雏鸡绒毛、喙和脚黄色。公鸡 60 天可长齐体羽，羽色淡黄或深黄色，颈羽颜色较胸背深，大翘羽较短；母鸡羽毛生长比公鸡快，50 天可长齐体羽，羽毛黄色，但个体间深浅不同，有干稻草样浅黄色，也有深黄色。

2. 肉色、胫色、喙色及肤色

肉白色，胫黄色，喙栗色或黄色，肤色黄色。性成熟的公鸡脚胫外侧鳞片多呈黄中带红。

3. 外貌特征

（1）体形特征：成年公鸡胸宽背平，腹部肥圆，体躯结实，体型紧凑，中等大小；母鸡背平，胸角较宽，龙骨较短，腹稍肥圆，耻骨与龙骨末端之间较宽，能容三只手指以上。

（2）头部特征：单冠直立，呈鲜红色，冠齿 5～7 个，无侧枝，公鸡冠粗大肥厚，母鸡冠小而红润。耳叶红色，虹彩橘黄色。

三、体尺体重

在容县保种场对公鸡、母鸡各 30 只成年霞烟鸡测量，结果见表 1。

霞烟鸡　公鸡

霞烟鸡　母鸡

表1　霞烟鸡体尺及体重

项目	体斜长 （cm）	龙骨长 （cm）	胸深 （cm）	胸宽 （cm）	骨盆宽 （cm）	胫长 （cm）	胫围 （cm）	胸角 （°）	体重 （kg）
公鸡	18.9±2.8	11.3±1.7	11.2±1.7	8.9±1.6	10.0±1.4	8.3±1.2	4.5±0.2	88.0±2.4	2.6±0.5
母鸡	16.3±0.4	9.5±0.6	9.4±0.8	8.0±0.4	9.1±0.9	6.3±0.4	3.8±0.1	87.5±2.6	1.8±0.2

四、生产性能

（一）生长性能

据霞烟鸡保种场测定，初生到 13 周龄各周体重如表 2。

表 2　霞烟鸡周龄体重　（单位：g）

性别	出壳混合雏	1 周龄	2 周龄	3 周龄	4 周龄	5 周龄	6 周龄
公鸡	30±2.1	65±3	138±19	249±33	402±53	520±50	660±57
母鸡		63±3	125±17	206±30	287±48	375±52	450±49

性别	7 周龄	8 周龄	9 周龄	10 周龄	11 周龄	12 周龄	13 周龄
公鸡	710±64	850±76	995±86	1 152±81	1 304±85	1 410±108	1 534±107
母鸡	565±58	703±55	793±83	875±75	950±81	1 070±88	1 175±85

（二）屠宰性能和肉质性能

1. 屠宰性能

在广西容县祝氏农牧有限责任公司鸡场和容县保种鸡场随机抽样测定公鸡母鸡各 20 只进行屠宰测定，结果见表 3。

表 3　霞烟鸡的屠宰成绩

项目	公鸡（150～180 日龄；阉割）	母鸡（110～120 日龄）
测定数量（只）	20	20
活重（g）	2 398.3±226.9	1 653.3±154.6
屠体重（g）	2 203.0±228.9	1 517.9±144.9
半净膛重（g）	2 005.8±214.9	1 256.0±134.7
全净膛重（g）	1 637.3±180.6	1 017.8±107.2
腹脂重（g）	120.4±32.1	71.9±16.1
腿肌重（g）	373.3±57.3	216.6±26.1
胸肌重（g）	276.9±35.9	181.5±29.9
屠宰率（%）	91.8±1.6	91.8±1.1
半净膛率（%）	83.6±1.7	75.9±2.6
全净膛率（%）	68.2±2.4	61.5±2.6
胸肌率（%）	16.9±1.1	17.8±2.0
腿肌率（%）	22.8±1.8	21.3±1.9
瘦肉率（%）	39.7±2.5	39.1±3.4
腹脂率（%）	6.8±1.6	6.6±1.2

2. 肉质性能

调查组做屠宰测定同时采阉鸡和母鸡胸肌冰鲜样各 4 个送广西分析测试中心进行营养成分分析，综合结果见表 4。

表 4 霞烟鸡肉质检测结果

检测项目	检测结果	
	阉鸡	母鸡
发热量（kJ/100 g）	523.25	541.40
水分（%）	71.55	71.15
干物质（%）	28.45	28.85
蛋白质（%）	24.88	24.65
氨基酸总量（%）	20.91	21.13
脂肪（%）	2.60	3.20
灰分（%）	0.97	0.99
肌苷酸（mg/100 g）	321.25	345.25

容县水产畜牧局进行霞烟鸡调查时也采集了母鸡胸肌冰鲜样品送广西分析测试中心进行营养成分检测，结果为：水分 72.2%，干物质 27.8%，蛋白质 24.3%，脂肪 2.61%，灰分 1.14%，膳食纤维 0，发热量 512 kJ/100 g。

（三）繁殖性能

开产日龄：130 ～ 150 日龄。

种蛋受精率：91%。

受精蛋孵化率：88%。

产蛋数：66 周龄饲养日产蛋量 150 ～ 160 个。

蛋重：（42±6）g。

就巢性：有，约（20±2）%。

利用年限：9 个月。

公母比例：1∶28。

南丹瑶鸡

一、产地及分布

南丹瑶鸡（Nandan Yao chicken），属肉蛋兼用型品种。以肉质脆嫩、皮下脂肪少著称。

原产于南丹县，中心产区为里湖、八圩两个白裤瑶民族乡镇，主要分布于南丹县的城关、芒场、六寨、车河、大厂、罗富、吾隘等地，其他乡镇亦有分布，毗邻的广西河池市、贵州的独山及荔波等县亦有分布。

目前主产地在贵港市港丰农牧有限公司。

二、体型外貌

南丹瑶鸡体躯呈长方形，胸深广，按体型大小分为大型和小型两类，以小型为主。公鸡单冠直立、鲜红发达，冠齿6～8个，肉垂、耳叶红色，体羽以金黄色为主，黄褐色次之，颈、背部羽毛颜色较深，胸腹部较浅，主翼羽和主尾羽黑色有金

南丹瑶鸡　公鸡

属光泽；母鸡单冠，冠齿 5 ～ 6 个，肉垂、耳叶红色，体羽以麻黄、麻黑色两种为主；颈羽黄色，胸腹部羽毛淡黄色，主翼羽和主尾羽为黑色。公母鸡虹彩为橘红色或橘黄色，喙黑色或青色，胫、趾为青色，有 40% 的鸡有胫羽，少数有趾羽。皮肤和肌肉颜色多为白色。出壳雏鸡绒毛多为褐黄色。

南丹瑶鸡　母鸡

三、体尺体重

根据对 30 只母鸡和 30 只公鸡的体尺体重测定，南丹瑶鸡平均体尺、体重如表 1。

表 1　南丹瑶鸡的体尺、体重

性别	体重（kg）	体斜长（cm）	胸宽（cm）	胸深（cm）	龙骨长（cm）	骨盆宽（cm）	胫长（cm）	胫围（cm）	胸角（°）
公鸡	2.29 ±0.39	22.82 ±1.09	7.88 ±0.46	11.75 ±1.51	12.06 ±1.01	7.14 ±1.23	9.51 ±0.56	4.76 ±0.41	63.53 ±7.17
母鸡	1.57 ±0.32	19.81 ±1.70	6.72 ±0.69	9.87 ±0.71	10.17 ±1.13	5.11 ±0.49	7.62 ±0.46	3.94 ±0.26	61.6 ±8.35

四、生产性能

（一）生长速度

在放牧饲养，饲喂全价配合饲料的情况下，南丹瑶鸡饲养 120 天，公鸡体重达 1.60 kg，母鸡达 1.52 kg，平均料重比 3.4∶1。

（二）产肉性能

对 20 只公母南丹瑶鸡进行屠宰测定，屠宰成绩见表 2。

表 2 南丹瑶鸡屠宰成绩

日龄	性别	活重 （kg）	屠宰率 （%）	半净膛率 （%）	全净膛率 （%）	胸肌率 （%）	腿肌率 （%）	腹脂率 （%）
120	公鸡	1.60 ±0.17	87.21 ±2.89	77.37 ±2.35	64.63 ±2.19	15.93 ±1.90	24.99 ±1.93	0.50 ±0.58
	母鸡	1.52 ±0.17	88.70 ±2.83	77.91 ±3.38	64.16 ±3.42	18.63 ±1.06	23.46 ±1.94	3.78 ±2.1

（三）生活力

南丹瑶鸡的适应性强，在集约化饲养的条件下，育雏期存活率为 96%，育成期存活率为 98%。

（四）蛋品质量

根据对 60 个南丹瑶鸡蛋的测定，其蛋品质量见表 3。

表 3 南丹瑶鸡蛋品质量

种鸡日龄 （d）	测定数	蛋重 （g）	蛋形 指数	壳厚 （mm）	蛋比重 （g/cm³）	蛋黄 色泽	蛋黄 比率（%）	哈夫 单位	蛋壳强度 （kg/cm²）
300	60	45.99 ±3.92	1.34 ±0.11	0.29 ±0.03	1.075 ±0.06	7.55 ±1.05	35.23 ±2.38	92.95 ±2.38	3.95 ±0.44

（五）繁殖性能

公鸡性成熟期为 90～100 日龄，母鸡开产期为 130 日龄。年均产蛋量 113 个，蛋重 46 g，蛋壳颜色为褐色，少数为浅褐色或棕色。种蛋受精率 95%，受精蛋孵化率为 94.2%。母鸡有就巢性。

灵山香鸡

一、产地及分布

灵山香鸡（Lingshan Xiang chicken）为肉用型，当地群众称之为"土鸡"。2007年通过广西壮族自治区家禽品种资源委员会认定为广西地方品种。2009年7月通过国家畜禽遗传资源委员会家禽专业委员会现场鉴定，建议与"里当鸡"合并，命名为"广西麻鸡"。2010年1月农业部公告第1 325号正式发布。2017年10月收录入《广西畜禽遗传资源志》。

灵山香鸡原产于灵山县，中心产区为灵山县伯劳、陆屋、烟墩等镇，主要分布于灵山县的新圩、檀圩、那隆，文利、武利、丰塘、平南、旧州等镇。灵山毗邻的钦州、浦北、合浦、横县、北海、防城港等市、县也有饲养。

二、体型外貌

灵山香鸡体型特征可概括为"一麻""两细""三短"。"一麻"是指灵山香鸡母鸡体羽以棕黄麻羽为主；"两细"是指头细、胫细；"三短"是指颈短、体躯短、脚短（矮）。头小，清秀，单冠直立，颜色鲜红，公的高大，母的稍小，冠齿5～7个。肉垂、耳叶红色。虹彩橘红色。喙尖，小而微弯曲，前部黄色，基部大多数呈栗色。

体躯短，浑圆，大小适中，结构匀称，被毛紧凑，其中短羽型鸡尤为突出。

公鸡颈羽棕红或金黄色。体羽以棕红、深红为主，其次棕黄或红褐色。覆翼羽比体羽色稍深。主翼羽以黑羽镶黄边为主，少数全黑。副翼羽棕黄或黑色。腹羽棕黄，部分红褐色，有麻黑斑。主尾羽和摇羽墨绿色，有金属光泽。

母鸡以棕麻、黄麻为主。麻黑色镶边形似鱼鳞状，多分布于背、鞍部位，翼羽其次。颈羽基部多数带小点黑斑；胸、腹羽棕黄色居多；尾羽黑色；主翼羽、副翼羽以镶黄边或棕边的黑羽为主。

雏鸡绒毛颜色以棕麻色或黄麻色为主，有条斑。棕麻色约占40%、黄麻色约占

35%、其他色约占 25%。

　　胫细而短，呈三角形，表面光滑，鳞片小，胫色多为黄色，少量青灰色，胫侧有细小红斑；喙色为栗色或黄色；肤色以浅黄色为主，个别灰白或灰黑色。皮薄，脂少，毛孔小，表面光滑。肉色为白色。

灵山香鸡　公鸡

灵山香鸡　母鸡

三、体尺和体重

　　先后在烟墩、伯劳、旧州、丰塘、文利、武利、陆屋等镇实地开展灵山香鸡个体调查测定，结果见表1。

表 1　灵山香鸡体尺、体重（300 日龄，*n*=75）

性别	体重 （g）	体斜长 （cm）	龙骨长 （cm）	胸深 （cm）	胸宽 （cm）	骨盆宽 （cm）	胫长 （cm）	胫围 （cm）
公鸡	2 112.73 ±353.00	20.80 ±1.01	11.57 ±0.78	11.41 ±0.60	6.45 ±0.51	7.27 ±0.33	8.11 ±0.37	4.42 ±0.26
母鸡	1 664.89 ±256.17	18.18 ±0.81	9.83 ±0.62	10.20 ±0.66	5.71 ±0.51	6.10 ±0.49	6.82 ±0.34	3.69 ±0.19

注：本数据主要是在农村规模养鸡场测定而得

四、生产性能

（一）生长性能

对灵山香鸡商品代生产性能进行了测定，结果详见表2、表3、表4。

表 2　灵山香鸡 1～3 周龄体重

饲养方式	1 日龄体重（g）	1 周龄体重（g）	2 周龄体重（g）	3 周龄体重（g）
规模饲养	28.94±1.79	48.56±7.65	93.08±13.32	139.25±17.54
自然放养	27.10±1.75	41.10±5.83	68.60±7.75	101.20±11.10

注：上述数据为公母混合饲养，混合称重

表 3　灵山香鸡 4～13 周龄体重

周龄	规模养殖体重（g）		自然放牧体重（g）	
	公鸡	母鸡	公鸡	母鸡
4	214.50±23.64	185.30±21.64	149.80±23.40	132.77±20.90
5	326.00±58.52	278.60±50.37	226.10±27.40	200.00±24.00
6	381.50±56.30	354.90±52.74	264.60±38.63	253.20±25.20
7	464.90±63.86	402.40±36.98	319.90±28.06	306.00±23.70
8	536.30±63.26	483.60±57.45	387.80±24.26	355.77±30.00
9	793.47±72.80	722.27±77.43	570.70±29.90	509.70±22.66
10	899.03±79.37	776.50±56.49	641.30±21.33	559.00±17.68
11	972.57±91.26	858.30±74.67	694.03±31.70	619.60±26.14
12	1 129.00±99.34	966.87±87.30	819.60±30.06	706.60±24.48
13	1 380.30±88.66	1 087.10±98.00	943.40±29.89	797.80±27.92

表 4　灵山香鸡出栏体重、成活率、饲料转化率

性别	出栏体重（g）	日龄	成活率（%）	饲料转化率
公鸡	1 587.5±164.15	110	95.0	3.65∶1
母鸡	1 320.0±109.64	120	93.6	3.40∶1

（二）屠宰性能和肉质性能

灵山香鸡上市最佳的时机为：母鸡 120 日龄，阉鸡 180 日龄，此时肉质结实幼嫩，味鲜美而香浓。对不同日龄的 30 只母鸡和 30 只公鸡进行屠宰测定，结果见表 5。

表 5　灵山香鸡屠宰结果（$n=60$）

指标	公鸡		母鸡	
	90 日龄	300 日龄	98 日龄	300 日龄
活重（g）	1 411.00±93.48	2 002.50±100.93	1 273.30±135.01	1 589.20±88.00
屠宰率（%）	85.6	91.9	87.2	93.1
半净膛率（%）	75.6	83.2	77.4	76.1
全净膛率（%）	64.6	69.9	64.9	64.2
胸肌率（%）	15.4	14.0	16.5	15.8
腿肌率（%）	24.9	25.8	18.9	19.8
腹脂率（%）	0.4	2.8	6.2	7.2

取 100 日龄公鸡和 110 日龄母鸡的胸肌送广西壮族自治区分析测试中心进行测定，结果见表 6。

表 6　灵山香鸡胸肌蛋白质、氨基酸、肌苷酸、脂肪含量测定结果

性别	日龄	检测项目	检测结果
公鸡	100	发热量（kJ/100 g）	474.9
		水分（%）	72.2
		干物质（%）	27.8
		蛋白质（%）	24.2
		氨基酸总量（%）	19.4
		脂肪（%）	1.2
		灰分（%）	1.3
		肌苷酸（mg/100 g）	288.0
母鸡	110	发热量（kJ/100 g）	504.2
		水分（%）	71.5
		干物质（%）	28.5
		蛋白质（%）	24.2
		氨基酸总量（%）	20.2
		脂肪（%）	2.0
		灰分（%）	1.4
		肌苷酸（mg/100 g）	260.0

2005 年 6 月对当天产的新鲜蛋进行品质测定，结果见表 7。

表 7　灵山香鸡蛋品质量（n=30）

项目	指标
蛋重（g）	41.92±3.69
蛋比重（g/cm³）	1.081±0.01
蛋壳厚度（mm）	0.34±0.02
蛋型指数	1.28±0.07
蛋黄比率（%）	31.16±4.73
蛋黄色泽（级）	8.00±0.62
哈夫单位	94.78±3.77
蛋壳强度（kg/cm²）	3.12±0.73
血肉斑率（%）	25.81
壳色	浅褐色

（三）繁殖性能

灵山香鸡早熟性好。小公鸡 21 日龄左右开啼，75 ～ 85 日龄性成熟，140 ～ 160 日龄体成熟，配种，此时体重 1.8 ～ 2.2 kg。公鸡一般 70 日龄左右阉割育肥，养殖场多提前到 30 日龄阉割，因实施早期阉割育肥的鸡体型与相同日龄 70 日龄才阉割的鸡相比肉质好卖价高，死亡率低，可提早上市。母鸡平均 130 日龄体成熟，开产，个别 100 日龄左右就产蛋。开产体重 1.3 ～ 1.65 kg，开产蛋重 29.5 g，平均蛋重 41.92 g，66 周龄平均产蛋量 120 ～ 130 个。其种蛋受精率 91% ～ 93%，受精蛋孵化率 92% ～ 94%，健雏率 98%。

在农村自然放牧的条件下，其繁殖性能略低。其中公鸡 60 日龄左右开啼，180 日龄配种。母鸡 160 日龄开产，66 周龄平均产蛋量约 84 个，年产苗 55 ～ 60 只。

笼养种鸡人工授精时公母比例为 1∶25；自然交配时公母比例为 1∶11 ～ 1∶13。

母鸡就巢性强，每年 4 ～ 5 次，每产完一窝蛋（15 ～ 20 个）就巢一次，每次 6 ～ 10 天，有的长达一个月。

里当鸡

一、产地及分布

里当鸡（Lidang chicken）为肉用型。2004 年通过广西壮族自治区家禽品种资源委员会认定为广西地方品种。2009 年 7 月通过国家畜禽遗传资源委员会家禽专业委员会现场鉴定，建议与"灵山香鸡"合并，命名为"广西麻鸡"。2010 年 1 月农业部公告第 1325 号正式发布。2017 年 10 月收录入《广西畜禽遗传资源志》。

中心产区为马山县里当乡。主要分布于里当、金钗、古寨、古零、加方、百龙滩、白山、乔利 8 个乡（镇），毗邻的都安县有少量分布。

二、体型外貌

1. 雏禽、成禽羽色及羽毛重要遗传特征

公鸡羽色多为暗红色或酱红色，有金属光泽，颈羽细长光亮，呈金黄色，颜色较体躯背部的浅，主尾羽黑色油亮向后弯曲，主翼羽瑶羽为黑色或呈黑斑；腹部羽毛有黄色（占 74.6%）和黑色（占 25.4%）两种。

母鸡羽色主要为黄色、麻色两种，黄色占 38.4%，麻色占 58.3%，其他杂色占 3.3%；尾羽为黑色，主翼羽黑色或带黑斑；黄羽鸡的头颈部羽色棕黄，与浅黄的体躯毛色界限明显；麻色鸡的尾羽黑色，胸腹部浅黄色，颈、背及两侧羽毛镶黑边。里当鸡羽色比例见表 1。

表 1　里当鸡羽色统计

公鸡	毛色	暗红色	酱红色
	比例（%）	74.6	25.4
母鸡	毛色	黄色	麻色
	比例（%）	38.4	58.3

2. 肉色、胫色、喙色及肤色

肉色为白色，喙、脚胫、皮肤均为黄色。

3. 外貌特征

（1）体形特征：体躯匀称，背宽平，头颈昂扬，尾羽高翘，翅膀长而粗壮。脚胫细长、截面呈三角形，有的整个胫部长满羽毛，群众称为"套袜子鸡"。

（2）头部特征：①冠：单冠，红色，直立，前小后大，冠齿 5～9 个。②虹彩：以橘红色最多，黄褐色次之。③肉髯：长而宽，富有弹性，颜面、耳垂鲜红有光泽，眼大有神。

里当鸡　公鸡

里当鸡　母鸡

三、体尺、体重

调查组在古零镇六合村随机抽样测定成年公鸡 11 只、成年母鸡 14 只；4 月 3 日在里当乡随机抽样测定成年公鸡 10 只、成年母鸡 6 只，结果见表 2。

表 2　里当鸡体尺、体重测定结果

性别		体重（kg）	体斜长（cm）	胸宽（cm）	胸深（cm）	胸角（°）	龙骨长（cm）	骨盆宽（cm）	胫长（cm）	胫围（cm）
古零	公鸡	2.20 ±0.21	21.40 ±0.95	5.47 ±0.84	7.98 ±0.81	85.36 ±4.01	11.47 ±0.72	7.42 ±0.94	9.72 ±0.49	4.32 ±0.29
	母鸡	1.85 ±0.35	19.23 ±1.17	5.19 ±0.74	7.41 ±1.13	80.57 ±6.16	9.83 ±0.99	6.84 ±0.82	7.96 ±0.51	3.76 ±0.24
里当	公鸡	1.87 ±0.45	19.73 ±1.33	4.82 ±0.47	7.06 ±0.71	86.70 ±4.14	10.99 ±0.82	6.55 ±0.87	8.91 ±0.50	4.30 ±0.34
	母鸡	1.45 ±0.29	18.07 ±0.82	4.87 ±0.46	7.07 ±0.67	82.83 ±2.86	9.07 ±0.87	6.38 ±0.60	7.65 ±0.40	3.33 ±0.27
综合结果	公鸡	2.05 ±0.37	20.60 ±1.41	5.16 ±0.75	7.54 ±0.88	86.00 ±4.02	11.24 ±0.79	7.00 ±0.99	9.33 ±0.64	4.31 ±0.31
	母鸡	1.73 ±0.38	18.88 ±1.19	5.09 ±0.68	7.31 ±1.01	81.25 ±5.41	9.60 ±1.00	6.71 ±0.78	7.87 ±0.49	3.64 ±0.31

四、生长性能

（一）生长速度

里当鸡成年公鸡体重（2.70±0.12）kg，成年母鸡体重（1.40±0.16）kg。在喂给全价配合饲料和散养的情况下，90 日龄体重可达 1.2 ～ 1.3 kg，料肉比公鸡为 1 : 3.50，母鸡为 1 : 4.34。

对里当、白山、乔利的 30 户农户自然放牧散养的里当鸡进行生长速度测定，结果详见表 3。

表 3　放牧饲养里当鸡生长速度测定

日龄	性别	只数（只）	总体重（g）	平均体重（g）
出壳	混苗	202	6 569.04	32.52±0.19
30	混苗	185	38 999.85	210.81±4.52
60	混	153	77 710.23	507.91±8.62
90	母鸡	72	56 865.60	789.80±25.65
	公鸡	63	63 812.70	1 012.90±32.15

日龄	性别	只数（只）	总体重（g）	平均体重（g）
120	母鸡	35	37 950.50	1 084.3±46.66
	公鸡	28	35 669.20	1 273.9±74.59
150	母鸡	35	51 289.35	1 465.41±52.23
	公鸡	28	42 380.80	1 513.60±94.24
180 以上	母鸡	35	52 724.00	1 506.4±23.11
	公鸡	28	51 100.00	1 825.0±98.36

（二）产肉性能

分别在古零镇和里当乡随机抽样里当鸡上市日龄的公母鸡各 30 只进行屠宰测定，结果如表4。

表 4　里当鸡上市日龄屠宰成绩

项目	公鸡（90～120 日龄）	阉鸡（150～180 日龄）	母鸡（120～150 日龄）
活重（kg）	1.32±0.25	2.08±0.11	1.22±0.21
屠体重（kg）	1.18±0.23	1.86±0.11	1.10±0.21
半净膛重（kg）	1.04±0.20	1.71±0.11	0.99±0.17
全净膛重（kg）	0.85±0.16	1.40±0.99	0.80±0.13
腿肌重（g）	207.50±47.50	224.28±22.59	165.50±30.34
胸肌重（g）	114.17±18.81	302.86±43.00	126.00±26.44
腹脂重（g）	14.58±25.18	92.86±29.14	40.05±29.17

（三）肌肉质量检测

调查组做屠宰测定的同时，采阉鸡和母鸡胸肌鲜样送广西分析测试中心进行营养成分分析，结果见表5。

表 5　里当鸡胸肌蛋白质、氨基酸、肌苷酸、脂肪含量测定结果

性别	日龄	检测项目	检测结果
阉鸡	上市日龄	发热量（kJ/100 g）	490.0
		水分（%）	72.4
		干物质（%）	27.6
		蛋白质（%）	24.8
		氨基酸总量（%）	19.38
		脂肪（%）	1.80
		灰分（%）	1.19
		肌苷酸（mg/100 g）	412

（续表）

性别	日龄	检测项目	检测结果
母鸡	上市日龄	发热量（kJ/100 g）	489.5
		水分（%）	72.4
		干物质（%）	27.6
		蛋白质（%）	24.5
		氨基酸总量（%）	19.32
		脂肪（%）	1.92
		灰分（%）	1.18
		肌苷酸（mg/100 g）	383

（四）蛋品质量

蛋的形状较圆，蛋形指数为（78.64±0.33）%，蛋壳浅褐色或棕色，个别为白色。其他指标未做测定。

（五）繁殖性能

根据 2003 年对里当乡 12 户农户的调查，在自然放牧条件下，公鸡 100 日龄，体重 1 ~ 1.2 kg 开啼；小母鸡 150 ~ 180 日龄，体重 1.3 ~ 1.5 kg 开产，年产蛋（75.0±8.2）个，蛋重（45.00±2.13）g；在农村散养的情况下，公母配比为 1∶15 左右。母鸡就巢性强，每次产蛋 12 ~ 20 个时进入抱巢期。种蛋受精率 95.12%，自然孵化时，受精蛋孵化率 94.39%（个别高达 100%），产蛋率 45.18%。30 日龄雏鸡成活率 94.42%，60 日龄成活率 89.76%，150 日龄成活率 87.77%。

东兰乌鸡

一、产地及分布

东兰乌鸡（Donglan Black-bone chicken）为兼用型地方品种，俗称"三乌鸡"，因其毛、皮、骨三者皆黑而得名，当地壮语叫"给起"。2002 年 3 月通过广西壮族自治区畜禽品种审定委员会认定，命名为"东兰乌鸡"。2009 年 6 月 30 日国家畜禽遗传资源委员会家禽专业委员会专家组对东兰乌鸡进行遗传资源现场鉴定，根据体型外貌、地理分布和生态环境考察结果，建议"东兰乌鸡"与"凌云乌鸡"两遗传资源合并，命名为"广西乌鸡"，同年 10 月 15 日农业部公告第 1 278 号正式发布。2017 年 10 月收录入《广西畜禽遗传资源志》。

原产区为东兰县，中心产区为隘洞和武篆镇。主要分布于县内的长江、巴畴、三石、三弄等乡镇。毗邻的凤山、巴马、金城江等县区也有少量分布。

二、体型外貌

1. 成年鸡、雏鸡羽色及羽毛重要遗传特征

（1）公鸡：羽毛紧凑，头昂尾翘，颈羽、覆翼羽、鞍羽和尾羽并有亮绿色金属光泽。羽色以片状黑羽为主，少数颈部有镶边羽，个别有凤头。

（2）母鸡：羽毛黑色，其中颈羽、覆翼羽和鞍羽有亮绿色金属光泽。

（3）雏鸡：1 日龄出壳雏鸡绒毛 95% 以上为全黑，5% 以下腹部绒毛为淡黄色。

2. 肉色、胫色、喙色及肤色

喙、胫为黑色，皮肤和肌肉颜色以黑色为主，占 85%，有 15% 的皮肤为黄色。

3. 外貌特征

（1）体形特征：体躯中等大小，体型近似长方形。

（2）头部特征：公鸡单冠黑色、冠大直立，冠齿数 7 个；母鸡单冠黑色，冠小直立，冠齿数 4 ～ 7 个，大小不一。肉垂、耳叶和虹彩颜色均为黑色；喙为黑色，圆锥形略弯曲。

（3）其他特征：东兰乌鸡一般为四趾，少数五趾。少数鸡有凤头和胫羽。

东兰乌鸡　公鸡

东兰乌鸡　母鸡

三、体尺、体重

根据对 300 只成年母鸡和 50 只成年公鸡的体尺体重测定结果，东兰乌鸡平均体尺、体重如表 1。

表 1 东兰乌鸡体尺、体重测定结果

性别	体重（kg）	体斜长（cm）	胸宽（cm）	胸深（cm）	胸角（°）	龙骨长（cm）	骨盆宽（cm）	胫长（cm）	胫围（cm）
公鸡	1.65 ±0.34	19.71 ±1.61	7.43 ±0.79	10.82 ±0.93	56.36 ±4.31	12.86 ±12.77	7.13 ±1.26	8.72 ±1.13	4.53 ±0.70
母鸡	1.48 ±0.22	18.88 ±1.36	6.96 ±0.67	10.17 ±0.80	55.87 ±3.91	10.19 ±1.01	6.67 ±1.21	7.73 ±0.61	3.99 ±0.52

四、生产性能

（一）生长速度

在放牧饲养，适当补饲稻谷、玉米和其他农副产品的条件下，东兰乌鸡饲养 180 天，公鸡体重达 1.61 kg，母鸡达 1.48 kg。在半舍饲，采用配合饲料饲养时，150 日龄即可达到 1.5～1.6 kg 的屠宰体重，饲料转化比 3.95：1。可见，饲养条件对东兰乌鸡生长发育的影响是很大的。

（二）产肉性能

对不同日龄的 20 只母鸡和 20 只公鸡进行屠宰测定，其屠宰成绩见表 2。

表 2 东兰乌鸡屠宰成绩

日龄	性别	活重（kg）	屠宰率（%）	半净膛率（%）	全净膛率（%）	胸肌率（%）	腿肌率（%）	腹脂率（%）
100	公鸡	1.45 ±0.11	90.23 ±1.55	85.72 ±3.79	71.61 ±3.53	22.01 ±3.24	16.50 ±4.19	1.11 ±0.49
	母鸡	1.10 ±0.11	90.07 ±4.21	81.09 ±4.05	66.25 ±3.79	21.50 ±1.32	20.93 ±3.60	2.84 ±1.39
300	公鸡	2.04 ±0.16	93.07 ±1.52	86.79 ±2.19	73.55 ±2.60	25.57 ±4.59	16.13 ±1.78	5.93 ±1.76
	母鸡	1.70 ±0.25	92.72 ±1.51	79.58 ±4.43	65.83 ±3.45	20.86 ±2.66	17.78 ±2.25	6.20 ±1.66

（三）肌肉质量检测

据广西测试研究中心对 100 日龄东兰乌鸡胸肉测定，公鸡的蛋白质含量为 23.2%，脂肪含量为 1.06%，肌苷酸含量为 246 mg/100 g 和肌糖原含量为 0.33%；母鸡的分别含 24.4%，0.8%，269 mg/100 g 和 0.24%。

（四）蛋品质量

据测定，东兰乌鸡蛋的蛋品质量见表3。

表3　东兰乌鸡蛋蛋品质量

种鸡日龄	测定数	蛋重（g）	蛋形指数	壳厚（mm）	蛋比重（g/cm³）	蛋黄色泽	哈夫单位	壳色
300	30	48.90 ±0.25	1.30 ±0.07	0.35 ±0.03	1.08 ±0.01	7.27 ±0.52	91.27 ±3.95	褐色

（五）繁殖性能

在半舍饲的条件下，母鸡平均147日龄开始产蛋，母鸡饲养日产蛋量为129只，平均蛋重48.9 g，蛋壳浅褐色或褐色。种鸡公母比例为1∶（8～10），种蛋受精率83.3%，受精蛋孵化率90.2%。母鸡就巢性较强，一般每产10～30只蛋即抱窝一次，就巢母鸡高达70%。

凌云乌鸡

一、产地及分布

凌云乌鸡（Lingyun Black-bone chicken）为兼用型地方品种，俗称"乌骨鸡"，因其骨骼为黑色而得名；又因其外观喙、冠、脚、皮、肉都为乌黑色，故当地群众又称为"五乌鸡"。2006年6月通过广西壮族自治区畜禽品种审定委员会认定，命名为"凌云乌鸡"。2009年7月1日通过国家畜禽遗传资源委员会家禽专业委员会专家组现场鉴定，建议与"东兰乌鸡"合并，命名为"广西乌鸡"，同年10月15日农业部公告第1278号正式发布。2017年10月收录入《广西畜禽遗传资源志》。

凌云乌鸡原产于广西凌云县。主要分布于玉洪乡、加尤镇、逻楼镇、泗城镇、下甲乡、沙里乡等乡（镇）。毗邻的田林县浪平乡和乐业县的甘田镇也有一定分布。

二、体型外貌

体躯中等偏小，身稍长，近似椭圆形，结构紧凑，羽毛较丰长。由于未经选育，个体大小不均匀，大的可达2 500 g以上，一般在1 700 g左右。

公鸡头昂尾翘，颈羽、鞍羽呈橘红色；体羽以麻黑或棕麻为主，大部分主翼羽黑色，部分镶黄边；部分主翼羽、副翼羽和尾羽呈黑色并有亮绿色金属光泽。成年母鸡以黄麻羽为主，少数深麻、颈部有黄色芦花镶边羽，部分黑羽颈部芦花镶羽，个别黄羽、白羽。1日龄雏鸡绒毛90%以上为麻黑，10%以下腹下部绒毛为淡黄色，部分背部有棕黑色条斑。

公鸡单冠，黑色或黑里透红，冠大，多数直立，少数后半部分侧向一边，冠齿6～8个；母鸡单冠，多数黑色，部分红色，较小直立，冠齿5～8个；肉髯、耳叶为黑色，与冠色相同。耳部羽毛浅黄色。虹彩为黑色或橘红色。喙为黑色，略弯曲，基部色较深；胫黑色，少数个体青灰色，约有30%鸡有胫羽，趾黑色；皮肤为黑色，但色泽深浅不一，有的皮肤黑色较淡呈灰色，有80%个体为黑色，20%个体为灰色。肌肉、内脏器官、骨骼为黑色，不同个体黑色程度有浓淡差别。

凌云乌鸡原来羽毛颜色较杂，有乌黑、白色、麻黄、麻黑，胫较长，体型近似野鸡，经近20年来产地农户自然选择，现在乌鸡羽毛颜色以麻黄为主，体型已更为紧凑。

凌云乌鸡　公鸡

凌云乌鸡　母鸡

三、体尺和体重

在下甲乡峰洋村、玉洪乡乐里村等村农家散养凌云乌鸡测得的体尺和体重结果见表1。

表1　凌云乌鸡的体重、体尺（n=30）

性别	日龄	体重（g）	体斜长（cm）	龙骨长（cm）	胸深（cm）	胸宽（cm）	骨盆宽（cm）	胫长（cm）	胫围（cm）	胸角（°）
公鸡	成年	2 105.2±329.0	21.37±2.04	12.74±1.55	8.18±0.90	5.41±0.71	7.64±0.57	10.01±1.50	4.66±0.48	64.07±6.18
母鸡	成年	1 696.0±358.0	20.09±1.03	10.98±0.71	7.72±0.66	4.84±0.60	6.68±0.58	8.22±0.49	3.90±0.21	58.10±5.52

四、生产性能

（一）生长性能

农村自繁自养的凌云乌鸡喂以玉米等谷物粗饲料，生长速度较慢；经规模饲养自行配制饲料进行喂养的则生长较快（表2、表3）。

表2　凌云乌鸡各周龄体重（n=30）　　　　（单位：g）

饲养方式	1日龄	1周龄	2周龄	3周龄
规模养殖	30.4±1.8	49.8±7.5	94.2±14.2	141.3±1.0
自然散养	28.6±1.7	44.8±6.0	70.0±9.2	109.6±12.6

注：数据来源于凌云县科技办2004年凌云乌鸡饲养试验，公母混合。表3同

表3　凌云乌鸡各周龄体重（n=30）　　　　（单位：g）

周龄	规模饲养		农户散养	
	公鸡	母鸡	公鸡	母鸡
4	214.6±24.4	184.6±20.6	148.6±23.5	131.6±21.2
5	330.0±58.3	281.4±53.4	228.4±28.3	206.2±21.5
6	386.4±55.6	359.4±51.3	266.8±39.5	255.6±30.3
7	466.9±63.7	400.6±40.2	320.1±29.5	304.7±31.5
8	536.8±64.5	483.3±50.2	386.4±26.4	354.8±28.6
9	796.5±70.8	734.8±66.5	571.6±30.3	512.4±24.6
10	910.3±81.2	780.5±61.4	646.4±31.6	564.3±26.3
11	976.4±91.3	866.4±82.3	697.6±33.8	624.2±29.2
12	1 206.0±96.3	976.8±86.9	816.7±36.3	712.5±28.6
13	1 348.0±86.0	1 103.6±104.2	946.1±33.5	797.2±33.8

（二）屠宰和肉质

凌云乌鸡上市最佳时机：项鸡 150 日龄，阉鸡 200 日龄。此时肉质结实细嫩，味美香浓，是烹制佳肴的最佳时机。但滋补作用以使用 2～3 年的经产母鸡煲汤为好。2006 年 5 月 15—20 日屠宰测定 120～150 日龄肉鸡，其结果见表 4、表 5。

表 4　凌云乌鸡屠宰测定结果（$n=30$）

性别	公鸡	母鸡
活重（g）	1 884.00±273.34	1 644.83±322.46
屠宰率（%）	88.79±3.06	91.57±2.74
半净膛率（%）	80.15±3.70	79.13±3.91
全净膛率（%）	71.39±4.43	62.87±8.79
胸肌率（%）	15.80±2.44	16.48±4.44
腿肌率（%）	24.73±3.09	22.76±6.32
腹脂率（%）	0.33±0.27	5.32±3.20

表 5　凌云乌鸡胸肌化学成分分析结果

序号	检测项目	检测结果	
		公鸡	母鸡
1	发热量（kJ/100 g）	440.9	453.9
2	水分（%）	73.7	73.2
3	干物质（%）	26.3	26.8
4	蛋白质（%）	24.8	24.9
5	氨基酸总量（%）	21.96	21.58
6	脂肪（%）	0.49	0.84
7	灰分（%）	0.97	1.14
8	肌苷酸（mg/100 g）	426	366

注：广西壮族自治区分析测试中心测定数据

（三）蛋品质量

2006 年 5 月对凌云乌鸡蛋品品质进行测定，结果见表 6。

表 6 凌云乌鸡蛋品质测定结果 （n=30）

蛋重 （g）	蛋比重 （g/cm³）	壳厚 （mm）	蛋型 指数	蛋黄比 率（%）	蛋黄色 泽（级）	哈夫单位	蛋壳强度 （kg/cm²）	血肉 斑率（%）	壳色
49.25 ±4.15	1.075 ±0.02	0.30 ±0.03	1.33 ±0.03	35.39 ±2.67	8.00 ±2.45	89.99 ±6.58	2.76 ±0.78	11.5	浅白色

（四）繁殖性能

在农村散养条件下，公鸡 90 日龄性成熟，体重 1.5 kg 左右，母鸡 150 日龄左右开产，体重约 1 kg。母鸡就巢性较强，年产蛋 60～120 个，蛋重 40～50 g。据凌云县科技办统计资料，在集中饲养、人工孵化的情况下，成年母鸡年产蛋数 80～150 个。200 个蛋平均重 51.4 g。农家散养条件下，公母配比约为 1:（8～15）。

凌云乌鸡在传统的粗饲情况下表现性成熟较晚，但在提高饲养管理条件下，性成熟年龄也有提早现象。

龙胜凤鸡

一、产地及分布

龙胜凤鸡（Longsheng Feng chicken）为兼用型地方品种。因其羽毛色彩丰富华丽、尾羽长而丰茂、头颈羽鲜艳有胡子而得名，有类似凤凰之意。又因主产区在瑶族居住的山区，因此当地群众称之为"瑶山鸡"。2017年10月收录入《广西畜禽遗传资源志》。

中心产区为龙胜各族自治县的泗水、马堤、和平等乡，主要分布于泗水、马堤、和平、江底、平等、伟江等乡。毗邻的资源县河口乡、三江县斗江镇也有少量分布。

二、体型外貌

龙胜凤鸡体躯较短，结构紧凑，个体大小差异大。部分有凤头、胡须、毛脚。公鸡单冠鲜红色，大而直立，冠齿6～8个；母鸡单冠，红色，较小直立，冠齿数5～8个，大小不一。肉髯、耳叶为红色。耳部羽毛浅黄色。虹彩为黑色或橘红色。成年公鸡羽毛紧凑，颈羽、鞍羽呈黑羽镶白边至全羽白色的公鸡，腹部羽为黑色或棕麻色；颈羽、鞍羽呈黑羽镶深黄边至全羽深黄的公鸡，腹部羽为棕红色或深麻色。主翼羽、副翼羽和尾羽多呈黑色并有亮绿色金属光泽。母鸡羽色浅麻、深麻为主，颈部有黑羽镶白边或镶黄边。少数母鸡体羽为黄羽、白羽、黑羽。

肉色多为白色，少量为淡黑色；胫黑色或青灰色，横截面稍呈三角形，50%以上有胫羽；趾黑色，较细长。喙栗色，略弯曲。肤色以白色为主，个别浅黄或灰黑色。皮薄，脂肪少。

三、体尺和体重

龙胜各族自治县水产畜牧兽医局组织技术人员先后在龙胜马堤、泗水、江底、伟江等乡镇实地开展龙胜凤鸡个体调查测定，结果见表1。

龙胜凤鸡　公鸡

龙胜凤鸡　母鸡

表1　龙胜凤鸡成鸡体重、体尺（*n*=30）

性别	体重 （g）	体斜长 （cm）	胸宽 （cm）	胸深 （cm）	胸角 （°）	龙骨长 （cm）	骨盆宽 （cm）	胫长 （cm）	胫围 （cm）
公鸡	1 410.6 ±140.0	19.02 ±0.77	7.93 ±0.71	9.96 ±0.38	72.68 ±8.31	9.99 ±0.58	7.45 ±0.54	8.91 ±0.50	3.94 ±0.24
母鸡	1 212.3 ±108.0	17.65 ±0.81	7.04 ±0.73	8.82 ±0.52	75.60 ±6.90	9.47 ±0.70	6.71 ±0.53	7.40 ±0.36	3.35 ±0.16

四、生产性能

（一）生长性能

在农村自繁自养的龙胜凤鸡喂以单一的玉米等谷物饲料，生长速度较慢。经规模饲养自行配制饲料进行喂养生长较快。

龙胜各族自治县水产畜牧兽医局组织技术人员先后在龙胜、马堤、泗水、江底、伟江等乡镇实地测定，各阶段体重见表2。

表2　龙胜凤鸡各生长阶段体重

日龄	性别	平均体重（g/只）
出壳	混苗	33.24±2.72
10	混苗	65.80±88.60
30	公鸡	170.83±20.93
30	母鸡	156.67±24.54
60	公鸡	575.00±92.65
60	母鸡	444.00±43.60
90	公鸡	1 156.00±115.15
90	母鸡	880.39±106.62

（二）屠宰和肉质、蛋品质量

龙胜各族自治县水产畜牧兽医局组织技术人员对150日龄的公母鸡各30只进行屠宰测定，结果见表3。

表3　龙胜凤鸡屠宰性能

性别	公鸡	母鸡
测定数量（只）	30	30
日龄（日）	150	150
活重（g）	1 414.00±138.45	1 212.33±108.36
屠宰率（%）	87.67±2.17	89.86±2.12
半净膛率（%）	78.20±2.27	76.90±2.22
全净膛率（%）	66.23±2.11	63.48±2.91
胸肌率（%）	18.85±1.16	19.81±1.47
腿肌率（%）	27.07±1.45	23.15±1.61
腹脂率（%）	0	4.24±2.68

　　经采龙胜凤鸡公鸡和母鸡胸肌鲜样送广西分析测试研究中心进行营养成分检测，结果见表4、表5。

表4　龙胜凤鸡胸肌肌肉主要化学成分

检测项目	公鸡	母鸡
发热量（kJ/100 g）	469.9	493.6
水分（%）	73.3	72.6
干物质（%）	26.7	27.4
蛋白质（%）	23.8	23.7
氨基酸总量（%）	20.57	20.65
脂肪（%）	1.66	2.28
灰分（%）	1.11	1.18
肌苷酸（mg/100 g）	262	270

表5　龙胜凤鸡胸肌氨基酸含量　　　　　　　　（单位：%）

检测项目	公鸡	母鸡
Asp（门冬氨酸）	2.13	2.12
Thr（苏氨酸）	1.01	0.99
Ser（丝氨酸）	0.87	0.84
Glu（谷氨酸）	3.20	3.17
Pro（脯氨酸）	0.86	0.86
Gly（甘氨酸）	0.94	0.95
Ala（丙氨酸）	1.28	1.29
Cys（胱氨酸）	0.11	0.11
Val（缬氨酸）	0.97	1.03
Met（蛋氨酸）	0.61	0.59
Ile（异亮氨酸）	1.01	1.07
Leu（亮氨酸）	1.81	1.81
Tyr（酪氨酸）	0.76	0.76
Phe（苯丙氨酸）	0.91	0.90
Lys（赖氨酸）	1.95	1.96
NH_3（氨）	0.38	0.35
His（组氨酸）	0.82	0.85
Arg（精氨酸）	1.33	1.35

表6 龙胜凤鸡蛋品品质

蛋重（g）	蛋比重（g/cm³）	壳厚（mm）	蛋型指数	蛋黄比率（%）	蛋黄色泽（级）	哈夫单位	蛋壳强度（kg/cm²）	血肉斑率（%）	壳色
47.22±3.74	1.083±0.003	0.30±0.03	1.32±0.07	35.98±3.96	3.53±0.73	88.96±4.09	3.29±0.56	0	浅褐色

注：表中数据由广西大学动物科学技术学院实验室测定

（三）繁殖性能

龙胜凤鸡在传统的粗饲情况下表现性成熟较晚的性状，但在提高饲养管理条件下，性成熟年龄也有提早现象。根据龙胜县保种场2002—2007年的记录，公鸡50日龄左右开啼，120日龄左右开始配种，体重1 500 g左右，母鸡130日龄左右开产，体重1 000 g左右。就巢性较强（笼养10%～15%；放养20%～30%），年产蛋80～120个，蛋重45～50 g。公母比例1:（10～15），自然交配受精率95%以上；笼养人工授精受精率87.5%以上。受精蛋孵化率92%以上。

峒 中 矮 鸡

一、产地及分布

峒中矮鸡（Dongzhong Aijiao chicken）为观赏型地方品种。由于鸡胫长仅
4.2～4.4 cm，较普通鸡的脚矮，故名矮鸡。这种矮鸡带有常染色体上的矮小基因
（adw）。国外又叫班坦鸡（Bantam）。1987年列入《广西家畜家禽品种志》。

峒中矮鸡产于广西防城港市防城区峒中镇，1976年从越南引进我国。目前仅
在广西防城港市有少量养殖，主要分布区域是峒中镇的板典、坤闵、板兴和峒中等
地，其他地区少有养殖。

二、体型外貌

峒中矮鸡的体型矮小，椭圆形。脚矮、爪直而粗壮。成年公鸡平均体重约
1.8 kg，母鸡约 1.2 kg。

峒中矮鸡　公鸡

峒中矮鸡　母鸡

峒中矮鸡单冠直立，红色。耳叶红色。眼睛虹彩棕褐色。喙短直，黄褐色。公鸡体羽黄色，颈羽、背羽、鞍羽浅黄至深黄色，颈羽有镶黄边黑羽，胸腹羽色浅黄色，尾羽和翼羽多呈黑色，有镶浅黄色边黑羽。母鸡体羽呈黄色，有褐花斑或深褐花斑，尾羽和翼羽多呈黑色，或黑羽镶浅黄色边，颈羽有镶黄边黑羽。公鸡、母鸡脚胫均呈黄色，皮肤浅黄色，肉白至浅黄。

三、体尺和体重

据调查组调查测定，峒中矮鸡体尺、体重结果如表1。

表1　峒中矮鸡的体重与体尺

性别	体重（kg）	体斜长（cm）	龙骨长（cm）	胸深（cm）	胸宽（cm）	骨盆宽（cm）	胫长（cm）
公鸡	1.70 ±0.12	17.45 ±0.76	12.40 ±0.55	11.20 ±0.26	5.80 ±0.17	8.00 ±0.67	4.20 ±0.18
母鸡	1.35 ±0.23	15.80 ±1.65	10.75 ±1.37	11.05 ±0.86	4.00 ±0.21	8.00 ±0.74	4.40 ±0.22

四、生产性能

（一）生长性能

在农村母鸡孵蛋、母鸡带仔、放牧饲养、补喂谷物的条件下，经测定25只初生雏鸡平均体重33.1 g。60日龄时12只公鸡平均体重300.6 g，7只母鸡平均重

248.0 g。90 日龄时，6 只公鸡平均重 647.4 g，3 只母鸡平均重 498.0 g。180 日龄时，5 只公鸡平均重 1 405.3 g，5 只母鸡平均重 1 315.5 g。

（二）屠宰和肉质

据 1987 年版《广西家畜家禽品种志》所载测定数据，3 只 150 日龄左右的母鸡平均宰前活重 1 233.0 g。血重 40.0 g，占活重 3.1%。羽毛重 53.3 g，占活重 4.3%。半净膛重 1 048.0 g，占活重 84.9%；全净膛重 881.9 g，占活重 71.5%。骨肉比 1 : 2.5。3 只约 200 日龄阉鸡平均活重 1 850.0 g，血重 53.3 g，占活重 2.8%。羽毛重 50.0 g，占活重 2.7%。半净膛重 1 636.0 g，占活重 88.4%；全净膛 1 465.7 g，占活重 79.2%。骨肉比 1 : 3.1。可知阉鸡的屠宰率和产肉量都比母鸡的高。屠宰测定见表 2。

表 2　峒中矮鸡屠宰结果

项目		性别	
		母鸡	阉鸡
测定只数		3	3
活重（g）		1 233.3（1 100.0 ～ 1 300.0）	1 850.0（1 700.0 ～ 2 000.0）
血重（g）		40.0（30.0 ～ 50.0）	53.3（48.0 ～ 60.0）
羽毛重（g）		53.3（40.0 ～ 70.0）	50.0（48.0 ～ 54.0）
屠宰率（%）		92.4	94.4
肠胰、胆嗉囊总重（g）		92.0（83.0 ～ 101.0）	110.0（92.0 ～ 125.0）
心、肝、脾总重（g）		67.0（60.0 ～ 75.0）	65.3（37.0 ～ 95.0）
肌胃重（g）		99.1（98.0 ～ 100.0）	105.3（100.0 ～ 110.0）
半净膛	重量（g）	1 048.0（947.0 ～ 1 180.0）	1 636.3（1 510.0 ～ 1 761.0）
	占活重（%）	84.9	88.4
全净膛	重量（g）	881.9（789.0 ～ 952.7）	1 465.7（1 373.0 ～ 1 556.0）
	占活重（%）	71.5	79.2
净肉重	重量（g）	632.4（567.0 ～ 676.7）	1 108.7（1 016.0 ～ 1 166.0）
	占活重（%）	51.3	59.9
骨重	重量（g）	249.5（222.0 ～ 276.0）	357.0（302.0 ～ 412.0）
	占活重（%）	20.2（19.3 ～ 21.2）	19.3（16.3 ～ 21.0）
骨肉比		1 : 2.5	1 : 3.1

（三）繁殖性能

母鸡 180 ～ 203 日龄开产。年产蛋 80 ～ 100 个。母鸡每产完一窝蛋，即抱窝一次，每次产蛋 10 多个至 20 多个不等。产区均以母鸡孵蛋。入孵蛋的孵化率 86% ～ 96%。

测 21 个蛋平均蛋重 40.15 g，纵径 4.84 cm，横径 3.84 cm，蛋型指数 1 : 1.31。蛋壳浅褐色。

灵山彩凤鸡

一、产地及分布

灵山彩凤鸡（Lingshan Caifeng chicken）为肉用型地方品种。

原产于广西灵山县。种鸡主要分布在灵山县新圩镇，肉鸡主要分布在新圩、三海、灵城等乡镇。

二、体型外貌

灵山彩凤鸡体型短圆，胸肌发达，结构匀称，被毛紧凑，近似野鸡体型。头小，清秀，单冠直立。冠色红润，冠齿5～7个；肉垂红色；耳叶红色；虹彩橘黄色。脚胫黄色，截面呈三角形，爪尖；喙小、前端多为淡黄色，少许灰黑色，基部大多数呈栗色；皮肤多呈淡黄色。

灵山彩凤鸡 公鸡

灵山彩凤鸡 母鸡

雏鸡公、母均为黑、白、黄三种颜色混杂的绒毛。成年公鸡主要分黑白色羽和红黄白色羽两种（分别占 70% 和 30 %），前者颈部、背部羽毛为白色；胸、腹部羽毛为黑色带白点或白色带黑点；主翼羽、尾羽为墨绿色。后者颈部羽毛黄白色；背部羽毛黄色；胸、腹部羽毛为黑色镶白边；主翼羽以黑色为主间有几根白羽；尾羽为墨绿色。成年母鸡体羽以浅花色为主，颈部、背部、主翼羽为灰羽镶白边；胸、腹部羽毛以白色镶黑边为主，尾羽为黑色。

三、体尺与体重

调查组在灵山县兴牧牧业有限公司种鸡场随机抽样成年公母鸡各 30 只进行体重、体尺测定，结果见表 1。

表 1 灵山彩凤鸡体重、体尺

性别	日龄	测量鸡只数（只）	体重（kg）	体斜长（cm）	龙骨长（cm）	胫长（cm）	胫围（cm）	胸宽（cm）	胸深（cm）	骨盆宽（cm）	胸角（°）
公鸡	300	30	1.54 ±0.14	18.00 ±1.09	10.82 ±0.74	7.42 ±0.40	3.96 ±0.12	4.68 ±0.29	6.87 ±0.48	6.23 ±0.41	88.10 ±2.54
母鸡	300	30	1.08 ±0.11	14.83 ±0.74	8.76 ±0.61	6.28 ±0.33	3.06 ±0.14	4.17 ±0.32	5.69 ±0.40	5.95 ±0.34	84.38 ±3.66

四、生产性能

（一）生长性能

灵山彩凤鸡的生长速度较慢，个体小。母鸡 130 日龄体重 1 kg 左右，阉鸡 200 日龄体重 1.5 kg 左右。灵山县兴牧牧业有限公司白木肉鸡场分别对 1 ～ 3 周龄、4 ～ 13 周龄的灵山彩凤鸡进行生长速度测定，结果详见表 2、表 3。

表 2　灵山彩凤鸡 1 ～ 3 周龄混合鸡生长速度测定（n=30）　（单位：g/ 只）

1 日龄	7 日龄	14 日龄	21 日龄
23.20±1.14	30.30±3.46	47.50±5.80	80.60±8.12

表 3　灵山彩凤鸡 4 ～ 13 周龄公鸡、母鸡生长速度测定（n=30）　（单位：g/ 只）

日龄	28	35	42	49	56	63	70	77	84	91
公鸡	112.50 ±13.42	153.80 ±16.73	178.40 ±20.50	210.50 ±17.30	260.70 ±20.26	398.20 ±21.50	446.20 ±18.5	485.30 ±20.65	513.20 ±20.07	643.50 ±20.89
母鸡	100.80 ±20.90	148.30 ±21.35	170.20 ±23.20	200.80 ±23.70	230.80 ±25.63	330.80 ±18.87	378.60 ±15.38	417.30 ±20.36	462.60 ±19.02	527.60 ±19.38

（二）屠宰和肉质

灵山彩凤鸡是优质肉用型鸡种，上市最佳时机为项鸡 130 日龄，阉鸡 200 日龄。上市日龄鸡屠宰成绩见表 4。

表 4　灵山彩凤鸡屠宰成绩（n=30）

性别	活重（kg）	屠体重（kg）	半净膛重（kg）	全净膛重（kg）	腹脂重（g）	胸肌重（g）	腿肌重（g）
阉鸡	1.54 ±0.14	1.38 ±0.12	1.23 ±0.12	1.042 ±0.12	55.63 ±18.54	261.47 ±46.47	284.60 ±35.30
母鸡	1.07 ±0.12	0.99 ±0.11	0.76 ±0.17	0.650 ±0.08	21.10 ±12.21	171.20 ±23.73	181.00 ±21.87

取 300 日龄的灵山彩凤鸡公鸡、母鸡胸肌鲜样送广西分析测试中心进行营养成分分析，结果见表 5、表 6。

表5 灵山彩凤鸡肉质检测结果

性别	检测项目	检测结果
公鸡	发热量（kJ/100 g）	481
	水分（%）	71.9
	干物质（%）	28.1
	蛋白质（%）	24.0
	氨基酸总量（%）	20.22
	脂肪（%）	2.90
	灰分（%）	1.10
	肌苷酸（mg/100 g）	206
母鸡	发热量（kJ/100 g）	481
	水分（%）	72.3
	干物质（%）	27.7
	蛋白质（%）	24.6
	氨基酸总量（%）	20.17
	脂肪（%）	1.43
	灰分（%）	1.20
	肌苷酸（mg/100 g）	287

表6 灵山彩凤鸡胸肌氨基酸测定结果　　　　　（单位：%）

检测项目	检测结果	
	公	母
Asp（门冬氨酸）	2.08	2.08
Thr（苏氨酸）	0.99	0.99
Ser（丝氨酸）	0.82	0.81
Glu（谷氨酸）	3.05	3.05
Pro（脯氨酸）	0.74	0.72
Gly（甘氨酸）	0.96	0.95
Ala（丙氨酸）	1.24	1.24
Cys（胱氨酸）	0.17	0.17
Val（缬氨酸）	1.04	1.03
Met（蛋氨酸）	0.61	0.59
Ile（异亮氨酸）	1.05	1.05
Leu（亮氨酸）	1.74	1.74

（续表）

检测项目	检测结果	
	公	母
Tyr（酪氨酸）	0.68	0.70
Phe（苯丙氨酸）	0.95	0.94
Lys（赖氨酸）	1.96	1.94
NH_3（氨）	0.36	0.35
His（组氨酸）	0.86	0.91
Arg（精氨酸）	1.28	1.26

（三）蛋品质量

蛋壳灰白色，广西大学动科院对60个鸡蛋进行测定，其测定成绩见表7。

表7　灵山彩凤鸡蛋品质测定结果

项目	结果	项目	结果
蛋重（g）	38.12±2.45	哈夫单位	69.20±8.17
蛋比重（g/cm³）	1.084±0.004	蛋黄色级（比色扇级）	7.00±0.83
蛋形指数	1.29±0.05	蛋壳比率（%）	13.64±0.56
蛋壳厚度（mm）	0.26±0.03	蛋黄比率（%）	33.92±0.81
蛋壳强度（kg/cm²）	3.36±0.64	血肉斑率（%）	1.95

（四）繁殖性能

灵山彩凤鸡成熟早，公鸡28日龄左右开始开啼，80～90日龄性成熟，150～170日龄体成熟，此时体重1.3～1.6 kg。母鸡140～150日龄体成熟，体重1.0～1.2 kg，66周龄平均产蛋量100～110个，就巢性强。种鸡人工受精公母比例1∶25，受精率90%～92%，受精蛋孵化率91%～93%，健雏率97%～98%，利用年限1年。

金秀圣堂鸡

一、产地及分布

金秀圣堂鸡（Jinxiu Shengtang chicken）为肉用型地方品种，俗称"瑶家戴帽鸡""五爪鸡"，在产区较偏僻的山村农户也作肉蛋兼用型。因其主要分布于金秀圣堂山脚下，为便于开发利用，2008 年，金秀瑶族自治县政府将其命名为"圣堂鸡"。

长期以来，由于交通闭塞，品种与外界交流不多使血缘得以保存为较原始的状态，然而由于数量较少且未经系统选育及规模化开发利用，外界对其了解不多。

原产于广西来宾市金秀瑶族自治县的山区乡镇，以圣堂山周边瑶族群众聚居地长垌乡、金秀镇、罗香乡、忠良乡、六巷乡、大樟乡、三江乡等的 78 个自然屯为中心产区。县内其他乡镇零星分布。

二、体型外貌

金秀圣堂鸡体型中等较小，结构紧凑，公鸡近仿锤形，母鸡近似椭圆形。母鸡部分有凤头。公鸡单冠直立，暗红色或红色，中等大小，冠齿 6 ～ 8 个；母鸡单冠，小而直立，多为红色，部分暗红色，冠齿 6 ～ 7 个。肉髯、耳叶与冠色相同，耳部羽毛黑色或橘红色，喙灰黑色或黄色，略弯曲。虹彩为黑色或橘红色。成年鸡羽毛片状，羽色多样，以黑色、黑麻、橘黄色、黄麻羽为主。成年公鸡颈羽、鞍羽有黄、红或黑镶边羽，深浅不一，部分颈羽、鞍羽、主羽、副翼羽为橘红色，腹羽多呈黑色，部分有橘黄色镶边，尾羽呈黑色并有亮绿色金属光泽。母鸡体羽毛色黑色占 30%，麻花色或橘黄色点 70%。雏鸡毛色以麻黑色或黄麻色为主，约占 80%；20% 为黑色，80% 腹下绒毛为淡黄色。胫中等直挺，黑色或青灰色，横截面呈梯形，表面光滑，鳞片中等大小，灰青灰色和浅黄色，部分有胫羽，趾灰青色和浅黄色，五趾约占 70%，较细长。皮肤黄色或灰黑色，色泽深浅不一，皮薄，表面光滑，脂少，毛孔中等大小。

金秀圣堂鸡 公鸡（有凤冠、胫羽）

金秀圣堂鸡 公鸡

金秀圣堂鸡　母鸡

三、体尺和体重

金秀瑶族自治县水产畜牧兽医局组织技术人员在金秀镇金田村塘背屯、茶厂屯，长峒乡道江村平办屯开展个体测定，先后测定300日龄以上成年金秀圣堂鸡公鸡10只、母鸡36只，结果见表1。

表1　300日龄以上金秀圣堂鸡体重及体尺

性别	日龄（d）	体重（g）	体斜长（cm）	胸宽（cm）	胸深（cm）	龙骨长（cm）	骨盆宽（cm）	胫长（cm）	胫围（cm）
公鸡	547±168	2 316.0±189.1	25.36±0.33	6.42±0.29	13.83±0.68	13.50±0.23	5.33±0.08	13.17±0.13	3.30±0.16
母鸡	361±36	1 465.3±153.2	20.64±0.72	4.97±0.42	10.56±0.46	10.42±0.41	4.77±0.12	9.12±0.23	2.32±0.04

四、生产性能

（一）生长性能

金秀圣堂鸡以肉用型为主，在农村主要为自繁自养，并由母鸡自孵自带，喂以谷物、玉米、木薯、山薯、甘薯等饲料，生长速度较慢。部分农户早期饲喂配制饲料，生长较快，条件较好的饲养户以商品鸡饲料饲喂21天左右，之后再自然放养。上市日龄随饲养条件而异，母鸡150～170日龄，阉鸡200～230日龄为最佳上市时机，此时母鸡即将开产，肉质结实细嫩，味美香浓，是享受佳肴的最好时机。由于该品种尚未有规模养殖场，金秀圣堂鸡各阶段具体生长发育情况有待测定。

（二）屠宰性能

2008 年 12 月 10—13 日金秀县水产畜牧兽医局组织技术人员对金秀圣堂鸡进行屠宰测定，共测定 300 日龄以上的成年公鸡 10 只、母鸡 18 只，肉品质量和蛋品质量未进行相关检测。屠宰测定结果见表 2。

表 2　金秀圣堂鸡屠宰性能

性别	公鸡	母鸡
测定数量（只）	10	18
日龄	458.00±133.40	381.11±51.32
活重（g）	2 024.30±195.47	1 508.89±134.68
屠体重（g）	1 863.20±177.63	1 371.72±127.03
半净膛重（g）	1 530.30±159.71	1 127.28±114.82
全净膛重（g）	1 416.00±149.64	1 027.83±99.46
腹脂重（g）	31.10±3.28	32.78±4.94
腿肌重（g）	165.60±9.07	111.83±10.41
胸肌重（g）	198.50±12.10	165.83±21.30
屠宰率（%）	92.05±0.64	90.89±1.79
半净膛率（%）	75.54±0.81	74.65±1.94
全净膛率（%）	69.89±0.85	68.11±2.11
胸肌率（%）	14.09±0.86	16.12±1.30
腿肌率（%）	11.76±0.77	10.92±0.85
腹脂率（%）	2.16±0.26	3.09±0.33

（三）繁殖性能

在传统的粗放饲养条件下，金秀圣堂鸡表现性成熟较晚，但在提高饲养管理条件下，性成熟和体成熟有提早现象。根据多年的调查和走访，公鸡在 95 日龄左右表现为性成熟，体重在 1 000 g 左右，体成熟 170 日龄，体重在 2 300 g 左右；母鸡 155～160 日龄开产，体重约 1 300 g，年产蛋 70～120 个，蛋重 40～55 g，母鸡就巢性能强；采用人工孵化的情况下或者采用提高饲养标准，成年母鸡年产蛋数 80～140 个，蛋重会有所提高。

靖 西 大 麻 鸭

一、产地及分布

靖西大麻鸭（Jingxi Large Partridge duck），当地群众又称为马鸭。属肉用型地方品种，以体型大，产肉性能好驰名。1987年列入《广西家畜家禽品种志》。

原产于靖西市。中心产区为靖西市的新靖、地州、武平、壬庄、岳圩、化峒、湖润等乡镇。主要分布于靖西市内各乡镇。与靖西市相邻的德保、那坡的部分乡村也有分布。

二、体型外貌

靖西大麻鸭体躯较大，体型呈长方形。腹部下垂不拖地。公鸭头颈部羽毛为亮绿色，有金属光泽，有白颈圈，胸羽红麻色，腹羽灰白色；背羽基部褐麻色，端部银灰色；主翼羽亮蓝色、镶白边，尾部有 2～4 根墨绿色的性羽，向上向前弯曲。母鸭体躯中等大小，羽毛紧凑，全身羽毛褐麻色，亦带有密集的两点似的大黑斑，

靖西大麻鸭　公鸭

主翼羽产蛋前亮蓝色，产蛋后黑色，眼睛上方有带状白羽，俗称"白眉"。公鸭喙多为青铜色，母鸭多为褐色，亦有不规则斑点，两性喙豆均为黑色，胫蹼橘色或褐色。虹彩为黄褐色。肉色为米白色。皮肤为白色，若皮下脂肪含量较多的为黄色。

刚出壳的雏鸭绒毛紫黑色，背部左右两侧各有两点对称的黄点，俗称之为"四点鸭"。

靖西大麻鸭　母鸭

三、体尺体重

对靖西大麻鸭公母鸭各30只的体尺体重进行测定，平均体尺、体重如表1。

表1　靖西大麻鸭体尺体重测定结果

体重（kg）	体斜长（cm）	胸宽（cm）	胸深（cm）	龙骨长（cm）	骨盆宽（cm）	胫长（cm）	胫围（cm）	半潜水长（cm）
2.76 ±0.18	24.34 ±1.08	10.05 ±0.69	11.18 ±1.16	14.59 ±0.80	6.90 ±0.55	7.11 ±0.33	4.94 ±0.34	54.56 ±1.50
2.60 ±0.20	22.37 ±0.83	8.80 ±0.54	9.57 ±0.42	13.57 ±0.57	6.69 ±0.42	6.37 ±0.23	4.75 ±0.15	48.85 ±1.83

四、生产性能

（一）生长速度

在放牧饲养，适当补饲稻谷、玉米和其他农副产品的条件下，靖西大麻鸭饲养70天，公鸭体重达2.50 kg，母鸭达2.48 kg。饲料消耗比3.96。

（二）产肉性能

对 300 日龄靖西大麻鸭公母各 20 只鸭进行屠宰测定，其屠宰成绩见表 2。

表 2　靖西大麻鸭屠宰成绩

日龄	性别	活重（kg）	屠宰率（%）	半净膛率（%）	全净膛率（%）	胸肌率（%）	腿肌率（%）	腹脂率（%）
300	公鸭	2.59 ±0.16	87.38 ±2.57	80.10 ±3.21	73.55 ±2.87	12.12 ±1.17	10.75 ±1.04	1.86 ±0.75
	母鸭	2.59 ±0.25	89.66 ±1.85	82.32 ±6.89	75.44 ±6.07	11.70 ±0.80	10.45 ±0.71	2.99 ±0.53

（三）蛋品质量

靖西大麻鸭的蛋壳颜色有青壳和白壳两种，蛋品质量见表 3。

表 3　靖西大麻鸭的蛋品质量

种鸭日龄	测定数（只）	蛋重（g）	蛋形指数	壳厚（mm）	蛋比重（g/cm³）	蛋黄色泽	蛋黄比率（%）	哈夫单位	蛋壳强度（kg/cm²）
300	60	81.12 ±5.74	1.41 ±0.58	0.37 ±0.03	1.079 ±0.01	13.17 ±1.03	33.3 ±2.65	98.04 ±6.11	3.45 ±0.96

（四）繁殖性能

靖西大麻鸭的开产日龄为 148 日龄，年均产蛋量 150 只。在自然放牧下，公母比例一般为 1:（5～6），种蛋受精率 90%。受精蛋的孵化率为 88%。平均蛋重 81 g，母鸭有就巢性。

广西小麻鸭

一、产地及分布

广西小麻鸭（Guangxi Small Partridge duck）属肉蛋兼用型地方品种，以产蛋多肉质好著称。1987 年列入《广西家畜家禽品种志》，2011 年列入《中国畜禽遗传资源志》，2017 年列入《广西畜禽遗传资源志》。

原产于广西水稻产区。现在中心产区为百色市的西林县，南宁、钦州、桂林、柳州、玉林和梧州市以及与西林县相邻的云南省广南县、贵州省的兴义市也有分布。

二、体型外貌

体型小而紧凑，身体各部发育良好。公鸭喙为浅绿色，母鸭为栗色，公母鸭胫、蹼均为橘红色，喙豆两性均为黑色。

广西小麻鸭　公鸭

广西小麻鸭 母鸭

公鸭头羽为墨绿色，有金属光泽，白颈圈，副翼羽上有翠绿色的镜羽，尾部有2～4根性羽向上翘起，体羽以灰色居多。母鸭头羽为麻色，有白眉。虹彩为黄褐色。羽毛紧凑，体羽有麻黄色、黑麻色和白花色3种，以麻黄色居多，占90%。雏鸭绒毛颜色为淡黄色。

肉色为米白色，皮肤黄色。

三、体尺与体重

调查组对产区西林县麻鸭保种场所饲养的成年广西小麻鸭公母鸭各30只进行体尺体重测定，结果如表1。

表1 广西小麻鸭体尺体重测定结果

性别	体重（kg）	体斜长（cm）	胸宽（cm）	胸深（cm）	龙骨长（cm）	骨盆宽（cm）	胫长（cm）	胫围（cm）	半潜水长（cm）
公鸭	1.67 ±0.49	22.06 ±0.90	8.41 ±0.49	8.26 ±0.45	12.47 ±0.92	5.92 ±0.48	6.55 ±0.48	4.99 ±0.34	50.39 ±1.89
母鸭	1.44 ±0.96	21.10 ±0.66	7.61 ±0.45	8.08 ±1.19	11.95 ±0.62	5.72 ±0.46	6.35 ±0.14	4.04 ±0.05	49.22 ±1.62

四、生产性能

（一）生长速度

广西小麻鸭生长较快，在放牧为主的情况下，3月龄公鸭达1.65 kg，母鸭达1.45 kg，料重比3.5∶1。

（二）产肉性能

调查组对产区西林县麻鸭保种场饲养的 90 日龄广西小麻鸭公母各 20 只进行屠宰测定，成绩见表 2。

表 2　广西小麻鸭屠宰成绩

性别	活重（kg）	屠宰率（%）	半净膛率（%）	全净膛率（%）	胸肌率（%）	腿肌率（%）	腹脂率（%）
公鸭	1.57±0.14	91.08±2.41	81.93±3.57	72.85±3.99	11.30±2.49	12.78±1.61	1.47±0.66
母鸭	1.43±0.10	91.61±1.88	84.90±3.37	72.74±3.76	11.88±3.10	13.48±2.29	2.06±0.75

（三）蛋品质量

广西小麻鸭的蛋品质量见表 3。

表 3　广西小麻鸭的蛋品质量

种鸭日龄	测定数（只）	蛋重（g）	蛋形指数	壳厚（mm）	蛋比重（g/cm³）	蛋黄色泽（级）	蛋黄比率（%）	哈夫单位	蛋壳强度（kg/cm²）
300	60	71.42±4.12	1.43±0.05	0.39±0.02	1.080±0.04	10.37±1.54	35.72±2.79	95.33±1.29	3.60±0.72

（四）繁殖性能

广西小麻鸭150 日龄开产，年均产蛋量200 只。在自然放牧下，公母比例1:10，种蛋受精率90%。受精蛋孵化率一般在 95% 以上。平均蛋重 71 g，蛋壳颜色有青壳和白壳两种。无就巢性。

融水香鸭

一、产地及分布

融水香鸭（Rongshui Xiang duck）俗称三防鸭、三防香鸭、糯米香鸭，属肉蛋兼用型地方品种。因其主产区过去水稻种植以香粳糯为主，而所养的鸭其肉有特殊的、类似香粳糯的香味，故又称香鸭。2009 年通过国家畜禽遗传资源委员会资源鉴定，2011 年收录入《中国畜禽遗传资源志》，2017 年收录入《广西畜禽遗传资源志》。

主产区为融水县的三防镇、汪洞乡、怀宝镇、四荣乡。此外，主要分布于滚贝、杆洞、同练、安太、洞头、良寨、大浪、香粉、安陲等乡镇。

二、体形外貌

融水香鸭体型较小，颈短，体羽白麻；头小，雏鸭喙黄色，成年鸭喙为橘黄色或褐色，喙豆黑色；虹彩黄褐色；雏鸭胫、蹼均呈黄色。成年鸭胫、蹼为橘黄色或棕色、爪为黑色；皮肤呈淡黄色。

融水香鸭　公鸭

融水香鸭　母鸭

成年公鸭头羽及镜羽有翠绿色金属光泽，颈上部有白羽圈，副翼羽有紫蓝色镜羽，鞍羽呈紫黑色，尾羽紫黑色与白羽毛相间，有 2～4 根紫黑色雄性羽。成年母鸭头部腹侧的羽毛呈白色或浅灰色，副翼羽上有翠绿色或紫蓝色金属光泽。其余的羽毛颜色呈珍珠状白麻花色。

雏鸭绒毛呈淡黄色，喙和胫呈橘黄色。肉色呈深红色。

三、体尺与体重

成年融水香鸭公鸭体重 1.60～2.30 kg，平均 1.75 kg。70 日龄左右上市体重 1.50～2.00 kg，平均 1.70 kg。成年母鸭体重 1.25～2.00 kg，平均 1.60 kg。70 日龄左右上市体重 1.25～1.95 kg，平均 1.55 kg。

调查组先后在三防镇、怀宝镇、四荣乡的保种场随机选取成年个体进行体尺和体重测定，测定结果见表 1。

表 1　融水香鸭的体重、体尺测定

性别	日龄	测定数量（只）	体重（g）	体斜长（cm）	龙骨长（cm）	胸深（cm）	胸宽（cm）	骨盆宽（cm）	跖长（cm）	胫围（cm）	半潜水长（cm）
公鸭	成年	90	1 743.50 ±137.56	19.77 ±0.90	11.29 ±0.37	7.90 ±0.54	6.51 ±1.33	6.68 ±0.40	4.74 ±0.30	3.56 ±0.23	47.49 ±1.43
母鸭	成年	90	1 682.17 ±196.23	18.91 ±0.88	10.74 ±0.42	7.56 ±0.69	5.94 ±5.08	6.55 ±0.43	4.54 ±0.28	3.64 ±0.23	43.04 ±1.60

四、生产性能

（一）生长性能

在基本一致的饲养管理条件下，通过 90 天的饲养，融水香鸭的生长速度和耗料情况汇总如表 2。

表 2　融水香鸭生长速度和耗料测定（养殖场）

日龄	出壳	10	20	30	40	50	60	70	80	90	合计
平均体重（g）	46.4	115	360	593	817	1 033	1 233	1 467	1 620	1 620	
期内总增重（kg）		6.09	18.47	30.44	41.90	51.99	63.40	75.33	88.67	88.67	464.95
期内总耗料（kg）		10.60	25.07	56.33	70.33	79.00	91.00	97.00	97.00	97.00	623.33
每只均耗料（kg）		0.20	0.49	1.10	1.35	1.54	1.77	1.91	1.91	1.91	
耗料增重比		1.74	1.36	1.85	1.68	1.52	1.44	1.29	1.09	1.09	1.34

在放牧补喂稻谷、玉米等谷物及青饲料情况下，融水香鸭的生长速度分别见表 3、表 4。

表 3　出壳至 40 日龄生长速度

日龄	出壳	10	20	30	40
体重（g）	46±5	119±8	360±12	593±16	817±20

表 4　50 ~ 90 日龄生长速度

日龄	50	60	70	80	90
公鸭体重（g）	1 066±35	1 285±88	1 376±65	1 450±85	1 565±120
母鸭体重（g）	1 000±20	1 203±82	1 307±41	1 387±76	1 485±146

据测定，融水香鸭育雏期（0 ~ 21 日龄）成活率为 90.9%，育成期（22 ~ 56 日龄）成活率为 100 %，饲料转化比为 1.34∶1。

（二）屠宰性能和肉质

调查组随机抽取 75 ~ 90 日龄的融水香鸭 30 只母鸭和 30 只公鸭进行屠宰测定，测定结果见表 5。

表 5　融水香鸭屠宰成绩

性别	公鸭	母鸭
测定数量（只）	30	30
活重（g）	1 632.33±133.67	1 478.33±154.59
屠宰率（%）	90.86±5.90	91.36±2.72
半净膛率（%）	80.27±3.55	81.39±2.60
全净膛率（%）	67.17±4.19	69.69±3.97
胸肌率（%）	12.62±2.18	12.28±2.65
腿肌率（%）	12.83±1.30	12.92±1.97
瘦肉率（%）	25.45±2.66	25.21±3.08
腹脂率（%）	0.50±0.48	0.74±0.70

　　取上市日龄融水香鸭胸肌送广西壮族自治区分析测试中心进行测定，结果见表6、表7。

表 6　融水香鸭肌肉成分测定结果

检测项目	公鸭	母鸭
发热量（kJ/100 g）	475.3	447.4
水分（%）	73.3	73.3
干物质（%）	26.7	26.7
蛋白质（%）	23.0	23.0
氨基酸总量（%）	20.52	20.05
脂肪（%）	2.16	2.22
灰分（%）	1.41	1.36
肌苷酸（mg/100 g）	368	420

表 7　融水香鸭肌肉氨基酸测定结果　　　　　　（单位：%）

检测项目	公鸭	母鸭
Asp（门冬氨酸）	1.98	1.96
Thr（苏氨酸）	0.99	0.99
Ser（丝氨酸）	0.82	0.82
Glu（谷氨酸）	3.30	3.24
Pro（脯氨酸）	0.84	0.82
Gly（甘氨酸）	1.08	0.92
Ala（丙氨酸）	1.34	1.26

（续表）

检测项目	检测结果	
	公鸭	母鸭
Cys（胱氨酸）	0.08	0.12
Val（缬氨酸）	1.05	1.03
Met（蛋氨酸）	0.59	0.58
Ile（异亮氨酸）	1.00	0.99
Leu（亮氨酸）	1.78	1.78
Tyr（酪氨酸）	0.74	0.75
Phe（苯丙氨酸）	0.96	0.95
Lys（赖氨酸）	1.90	1.87
NH_3（氨）	0.38	0.43
His（组氨酸）	0.60	0.59
Arg（精氨酸）	1.47	1.38

（三）蛋品质量

对 60 个新鲜融水香鸭蛋品质进行测定，结果见表 8。

表 8 融水香鸭蛋品质测定结果

蛋重（g）	蛋比重（g/cm³）	壳厚（mm）	蛋型指数	蛋黄比率（%）	蛋黄色泽（级）	哈夫单位	蛋壳强度（kg/cm²）	血肉斑率（%）	青壳蛋比率（%）
64.04 ±5.99	1.080 ±0.04	0.34 ±0.06	1.42 ±0.06	33.85 ±2.56	7.00 ±0.77	101.00 ±5.57	3.41 ±0.69	1.67	51.67

（四）繁殖性能

保种场在放牧饲养条件下，公鸭 95 日龄性成熟，母鸭平均 145 日龄开始产蛋，平均年产蛋量为 168 个，平均蛋重 64.04 g，开产日龄蛋重 54.78 g。母鸭无就巢性，公母比 1 :（8 ～ 10），种蛋受精率 95%，受精蛋孵化率 87%，雏鸭成活率 94.2%。农户饲养的种鸭母鸭开产日龄平均 151 日龄，公鸭性成熟平均 102 日龄，平均年产蛋量为 132 个，种蛋受精率 93%，受精蛋孵化率 83%，雏鸭成活率 91.3%，均略低于保种场。

龙胜翠鸭

一、产地及分布

龙胜翠鸭（Longsheng Cui duck）属蛋肉兼用型地方品种，因其全身羽毛黑色带有墨绿色、呈翡翠般的金属光泽而得名。当地群众俗称"洋洞鸭"。2009 年通过国家畜禽遗传资源委员会资源鉴定，2011 年收录入《中国畜禽遗传资源志》，2017 年收录入《广西畜禽遗传资源志》。

原产地为龙胜各族自治县马堤乡、伟江乡，目前仅发现马堤乡和伟江乡的边远山区有少量饲养。

二、体型外貌

龙胜翠鸭的外貌特征可概括为"两黑""两绿"。"两黑"是指黑羽毛，黑脚；"两绿"是指喙为青绿色，羽毛带孔雀绿的金属光泽。公鸭体型呈长方形，颈部粗短，背阔肩宽，胸宽体长。母鸭体型短圆，胸宽，臀部丰满。公母鸭眼大有神，喙为青绿色，喙豆黑色，虹彩墨绿色。

龙胜翠鸭　公鸭

龙胜翠鸭　母鸭

公鸭头颈羽毛为孔雀绿色，部分颈及胸下间有小块状白羽斑，背、腰羽毛黑色并带金属光泽，镜羽蓝色，尾羽墨绿色，性羽呈墨绿色向背弯曲。母鸭全身羽毛墨黑色并带金属光泽，镜羽墨绿色。公鸭胫为黄黑色，母鸭胫为黑色；肤色多为白色，少量浅黑色，肉红色。

三、体尺和体重

龙胜各族自治县水产畜牧兽医局组织技术人员在马堤乡马堤村养鸭农户测定125日龄龙胜翠鸭公、母鸭各30只，测量结果见表1。

表1　125日龄龙胜翠鸭体重及体尺

性别	体重（g）	体斜长（cm）	胸宽（cm）	胸深（cm）	龙骨长（cm）	骨盆宽（cm）	胫长（cm）	胫围（cm）	半潜水长（cm）
公鸭	1 917 ±135.46	21.05 ±0.94	9.24 ±0.76	8.41 ±0.83	11.80 ±0.83	6.10 ±0.45	6.22 ±0.29	3.92 ±0.24	53.15 ±1.27
母鸭	1 806.9 ±137.28	20.97 ±0.79	9.08 ±0.27	8.82 ±0.52	11.67 ±0.29	6.02 ±0.24	5.96 ±0.31	3.89 ±0.31	50.52 ±0.89

注：测定地点为马堤村李福贵养殖场；测定人员为侯文军、石万庭、李业刚、龚仁伟、凤云富

五、生产性能

（一）生长性能

在农村自繁自养的龙胜翠鸭喂以玉米等谷物粗饲料，生长速度较慢。经规模饲养自行配制饲料进行喂养生长较快。

龙胜水产畜牧兽医局组织技术人员在马堤村养殖场对龙胜翠鸭进行测定，各生长阶段体重见表2。

表 2　龙胜翠鸭各生长阶段体重

日龄	性别	数量（只）	平均体重（g）
出壳	混苗	30	40.03±1.36
30	混苗	30	301.67±37.26
55	混苗	30	644.85±74.98
125	公鸭	30	1 917.00±135.46
	母鸭	30	1 806.90±137.28

（二）屠宰和肉质

1. 产肉性能

龙胜各族自治县水产畜牧兽医局组织技术人员对125日龄的公母鸭各30只进行屠宰测定，结果见表3。

表 3　龙胜翠鸭屠宰性能测定

性别	公鸭	母鸭
测定数量（只）	30	30
日龄	125	125
活重（g）	1 958.50±154.76	1 810.50±148.33
屠宰率（%）	87.67±2.17	89.69±1.31
半净膛率（%）	80.43±3.31	82.94±1.40
全净膛率（%）	71.58±3.69	75.30±2.38
胸肌率（%）	11.00±0.79	10.71±0.64
腿肌率（%）	9.81±1.02	9.55±1.41
腹脂率（%）	0	0

2. 肌肉主要成分检测

龙胜各族自治县水产畜牧兽医局技术人员在马堤村养殖场取125天的龙胜翠鸭公鸭和母鸭活鸭屠宰后的肌肉样品送广西分析测试研究中心进行营养成分检测，全鸭肌肉鲜样检测结果见表 4、表 5。

表 4　龙胜翠鸭肌肉主要化学成分检测结果

检测项目	检测结果	
	公鸭	母鸭
发热量（kJ/100 g）	409.9	421.1
水分（%）	74.9	74.8
干物质（%）	25.1	25.2
蛋白质（%）	22.8	22.8
氨基酸总量（%）	20.26	19.64
脂肪（%）	0.4	0.8
灰分（%）	1.48	14.2
肌苷酸（mg/100 g）	216	308

表 5　龙胜翠鸭胸肌氨基酸测定结果

检测项目	检测结果（%）	
	公鸭	母鸭
Asp（门冬氨酸）	1.92	1.86
Thr（苏氨酸）	0.94	0.92
Ser（丝氨酸）	0.81	0.79
Glu（谷氨酸）	3.16	3.04
Pro（脯氨酸）	0.82	0.73
Gly（甘氨酸）	1.07	0.96
Ala（丙氨酸）	1.29	1.24
Cys（胱氨酸）	0.18	0.10
Val（缬氨酸）	1.07	1.05
Met（蛋氨酸）	0.56	0.36
Ile（异亮氨酸）	1.00	0.95
Leu（亮氨酸）	1.91	1.82
Tyr（酪氨酸）	0.91	1.09
Phe（苯丙氨酸）	0.97	0.94
Lys（赖氨酸）	1.81	1.80
NH_3（氨）	0.26	0.25
His（组氨酸）	0.50	0.49
Arg（精氨酸）	1.34	1.30

（三）蛋品质量

抽取主产区农户 30 个 400 日龄鸭蛋样本检测，结果如表 6。

表 6　龙胜翠鸭蛋品质测定成绩（*n*=30）

蛋重（g）	蛋比重（g/cm³）	壳厚（mm）	蛋型指数	蛋黄比率（%）	蛋黄色泽（级）	哈夫单位	蛋壳强度（kg/cm²）	血肉斑率（%）	壳色
73.94 ±5.82	5～6	0.33 ±0.03	1.24 ±0.05	35.22 ±7.56	9.34 ±2.44	80.76 ±69.01	3.24 ±0.76	0	青色或白色

（四）繁殖性能

根据对产区 3 个养殖户的调查，母鸭开产日龄为 150～160 日龄，早春鸭最早见产为 120 日龄，秋鸭 180 日龄开产。年产三造蛋，头造在 2—5 月，产蛋 60～70 个，第二造在 6—8 月，产蛋量与头造相似，第三造在 10 月至翌年 1 月，产蛋 30～40 个，年平均产蛋量 160～200 个。公母比例为 1∶10。在大群放牧饲养条件下种蛋受精率、受精蛋孵化率均达 90% 以上。蛋重为 65～70 g。无就巢性。

东 兰 鸭

一、产地及分布

东兰鸭（Donglan duck）蛋肉兼用型地方品种。据 1980 年的《东兰县志》记载，原名为"东兰水鸭"，当地群众俗称"东兰鸭"。

原产于广西东兰县，中心产区为该县长江乡和巴畴乡，主要分布在长江乡、巴畴乡、切学乡、大同乡、东兰镇、泗孟乡、兰木乡、隘洞镇、长乐镇、武篆镇、三石镇等有水田和河流的地方，毗邻的凤山、巴马、天峨等县也有少量分布。

二、体型外貌

1. 雏鸭、成年鸭羽色及羽毛重要遗传特征

雏鸭腹部绒毛呈淡黄色，背部左右两侧有黑点或黑斑，有的背部全部为黑色。

成年公鸭头羽及镜羽有翠绿色的金属光泽，颈部有半圈白羽圈，白颈圈以下至胸部羽毛呈褐色，胸腹部羽毛呈浅灰色，尾部有 2～4 根性羽呈墨绿色向上翘起并向前弯曲；母鸭全身羽毛紧贴光滑，羽色多数为深麻，少数为浅麻，副翼羽有 1～2 根墨绿色羽毛，颈部有半圈白羽带，多数有白眉羽。

2. 肉色、胫色、喙色及肤色

肉呈深红色；脚胫为橘黄色、棕色；跖蹼多数为橘红色；公鸭喙多呈橘黄色，少数青灰色，母鸭喙呈橘黄色；皮肤为黄色。

3. 外貌特征

（1）体型特征

体型中等，躯体匀称，结构紧凑，颈粗而短，平胸，翅膀长而粗壮。

（2）头部特征

头部大小适中，多数有黑色的喙豆，呈三角形，虹彩黄褐色。

东兰鸭　公鸭

东兰鸭　母鸭

三、体尺和体重

成年公鸭体重 1.72 ～ 2.00 kg， 平均 1.75 kg。70 日龄左右上市体重 1.00 ～ 1.20 kg，平均 1.10 kg。成年母鸭体重 1.65 ～ 1.87 kg，平均 1.70 kg。

由东兰县水产畜牧局组成的调查组对全县 14 个乡镇进行了调查，对以中心产区长江、巴畴、金谷 3 个乡镇为重点的 5 个饲养点 300 只母鸭和 50 只公鸭进行了体尺体重测量，结果见表 1。

表 1　成年东兰鸭平均体尺体重

性别	日龄	体重（g）	体斜长（cm）	胸宽（cm）	胸深（cm）	龙骨长（cm）	骨盆宽（cm）	胫长（cm）	胫围（cm）	半潜水长（cm）
公鸭	成年	1 821.70 ±176.42	23.67 ±2.75	8.34 ±1.01	7.24 ±0.83	11.86 ±0.93	6.70 ±0.57	5.95 ±0.39	4.15 ±0.50	53.24 ±2.43
母鸭	成年	1 654.34 ±209.44	21.51 ±2.01	7.29 ±0.76	6.72 ±0.65	11.12 ±0.75	6.69 ±0.48	5.81 ±0.39	3.90 ±0.20	50.62 ±2.27
母鸭	180	1 655.00 ±138.91	20.77 ±2.08	7.55 ±0.61	6.64 ±0.76	10.62 ±0.31	6.51 ±0.81	5.56 ±0.20	3.80 ±0.16	48.11 ±1.38

四、生产性能

（一）生长性能

东兰县水产畜牧局在长江乡周乐村对东兰鸭进行饲养试验。在放牧补喂稻谷、玉米等谷物及青饲料情况下，据 50 只鸭的测定结果，东兰鸭的生长速度分别见表2、表3。

表 2　东兰鸭 1～7 周龄生长速度

周龄	1	2	3	4	5	6	7
体重（g）	67.47± 4.43	164.93± 29.68	380.80± 35.35	508.53± 47.08	700.40± 16.66	756.87± 22.86	802.93± 39.65

表 3　东兰鸭 8～13 周龄生长速度

周龄	8	9	10	11	12	13
母鸭体重（g）	850.60± 58.66	997.20± 66.51	1 063.67± 73.24	1 134.93± 89.16	1 214.93± 83.25	1 312.27± 36.30
公鸭体重（g）	855.67± 52.71	1 021.40± 68.82	1 073.33± 73.46	1 162.67± 90.88	1 249.20± 81.15	1 358.33± 47.57

据测定，东兰鸭育雏期（0～21 日龄）成活率为 92%，育成期（22～56 日龄）成活率为 96%，饲料转化比为 2.2∶1。

（二）屠宰和肉质

1. 屠宰性能

（1）8 周龄和 13 周龄屠宰性能：调查组随机抽取 8 周龄、13 周龄公母各 30 只东兰鸭进行屠宰测定，结果见表 4。

表 4　东兰鸭肉鸭屠宰测定结果

性别	周龄	宰前活重（g）	屠宰率（%）	半净膛率（%）	全净膛率（%）	腹脂率（%）	腿肌率（%）	胸肌率（%）	皮脂率（%）
公鸭	8	857.13 ±58.15	78.47 ±6.52	66.22 ±3.64	58.09 ±3.59	1.26 ±0.10	8.21 ±0.73	20.07 ±2.03	23.38
母鸭	8	853.93 ±60.75	75.89 ±4.41	67.03 ±4.19	52.68 ±4.80	1.47 ±0.16	8.85 ±1.17	22.47 ±2.82	24.26
公鸭	13	1 359.37 ±52.73	76.52 ±3.86	67.35 ±4.71	58.73 ±4.25	1.18 ±0.12	7.94 ±0.86	19.35 ±1.90	25.11
母鸭	13	1 286.30 ±54.67	81.49 ±4.21	70.12 ±5.06	60.45 ±5.00	1.22 ±0.13	7.69 ±0.78	19.35 ±2.26	25.36

（2）成年鸭屠宰性能：调查组对 30 只成年公鸭和 30 只成年母鸭的屠宰测定结果见表 5。

表 5　东兰鸭成年鸭屠宰测定结果

性别	周龄	宰前活重（g）	屠宰率（%）	半净膛率（%）	全净膛率（%）	腹脂率（%）	腿肌率（%）	胸肌率（%）	皮脂率（%）
公鸭	成年	1 672.10 ±60.05	89.35 ±2.98	83.49 ±5.40	69.76 ±4.31	1.74 ±0.31	12.04 ±0.89	15.39 ±0.97	25.83
母鸭	成年	1 765.47 ±167.78	91.74 ±2.15	83.53 ±2.92	68.08 ±3.09	3.03 ±0.66	8.81 ±1.90	15.49 ±2.66	25.21

2. 肉质性能

取上市日龄东兰鸭胸肌送广西壮族自治区分析测试中心进行测定，结果见表 6、表 7。

表 6　东兰鸭肌肉成分测定结果

序号	检测项目	公鸭（鲜肉）	母鸭（鲜肉）	母鸭（冻肉）
1	发热量（kJ/100 g）	517.6	527.4	521.7
2	水分（%）	70.9	70.1	70.9
3	干物质（%）	29.1	29.9	29.1
4	蛋白质（%）	21.1	21.4	22.7
5	脂肪（%）	3.01	2.94	3.22
6	膳食纤维（%）	0.3	0.3	0.3
7	灰分（%）	2.07	2.21	2.06
8	氨基酸总量（%）	18.28	19.25	19.18

表 7　东兰鸭肌肉氨基酸测定结果　　　　　　　　（单位：%）

序号	检测项目	检测结果		
		公（鲜肉）	母（鲜肉）	母（冻肉）
1	Asp（门冬氨酸）	1.78	1.86	1.88
2	Thr（苏氨酸）	0.87	0.91	0.92
3	Ser（丝氨酸）	0.76	0.81	0.80
4	Glu（谷氨酸）	3.08	3.24	3.20
5	Pro（脯氨酸）	0.72	0.75	0.75
6	Gly（甘氨酸）	0.86	0.91	0.88
7	Ala（丙氨酸）	1.20	1.29	1.28
8	Cys（胱氨酸）	0.09	0.11	0.09
9	Val（缬氨酸）	0.99	1.03	1.05
10	Met（蛋氨酸）	0.53	0.57	0.56
11	Ile（异亮氨酸）	0.91	0.94	0.96
12	Leu（亮氨酸）	1.61	1.68	1.69
13	Tyr（酪氨酸）	0.69	0.72	0.72
14	Phe（苯丙氨酸）	0.87	0.91	0.93
15	Lys（赖氨酸）	1.62	1.74	1.66
16	NH_3（氨）	0.04	0.04	0.04
17	His（组氨酸）	0.50	0.51	0.57
18	Arg（精氨酸）	1.20	1.27	1.24

（三）繁殖性能

在自然放牧、适当补饲的饲养条件下，公鸭 130 日龄左右性成熟；母鸭 130 ～ 160 日龄开产，年产蛋量为 220 ～ 260 个，90% 以上蛋壳为青绿色，少数为白色，母鸭无就巢性，种蛋全部用母鸡来孵化，种蛋受精率 92% 以上，受精蛋孵化率 93% 以上。

全州文桥鸭

一、产地及分布

全州文桥鸭（Quanzhou Wenqiao duck）俗称"文桥土鸭"，与外来鸭种相比脚胫较小，因此又称为"文桥小脚鸭"，属蛋肉兼用型地方品种鸭。

原产地为全州县文桥镇，主要分布于文桥镇的栗水、长坪、文桥、新塘、洋田等村。文桥镇年出栏全州文桥鸭60万只左右。全州其他乡镇和与文桥镇交界的湖南东安也有少量饲养。

二、体形外貌特征

1. 雏鸭、成年鸭羽色及羽毛重要遗传特征

雏鸭全身绒毛黄色。公鸭头颈羽毛为墨绿色有金属光泽，背部羽毛为棕黑相间略带白点，并带金属光泽，尾羽为黑白色，性羽呈墨绿色向背弯曲，翅膀上的羽毛墨绿白相间。母鸭背部呈泥黄色或灰白色，泥黄或灰白色羽毛中又掺杂着黑麻点羽毛，颈羽为泥黄色，传说这种泥黄色与文桥一带姓黄的人较多有关。

全州文桥鸭　公鸭

全州文桥鸭 母鸭

2. 肉色、胫色、喙色及肤色

肉色红色。胫色橘黄色。喙色：公鸭草绿色，母鸭橘黄色。肤色黄白色。

3. 外貌特征

公鸭体型呈长方形，眼小有神，喙为草绿色，喙豆黑色，颈部细长，背、肩较窄，胸窄体长，脚小。母鸭体型比公鸭略短，喙为橘黄色，喙豆黑色，胸窄，臀部较圆，脚小。

三、体尺和体重

对养鸭户 30 只公鸭和 30 只母鸭进行体重和体尺测定，结果见表 1。

表 1　70 ～ 80 日龄全州文桥鸭公母体重及体尺

性别	体重 （g）	体斜长 （cm）	胸宽 （cm）	胸深 （cm）	龙骨长 （cm）	骨盆宽 （cm）	胫长 （cm）	胫围 （cm）	半潜水长 （cm）	颈长 （cm）
公鸭	1 468.10 ±126.28	20.76 ±0.53	8.94 ±0.44	7.45 ±0.37	11.66 ±0.57	5.62 ±0.28	7.52 ±0.21	3.66 ±0.1	53.77 ±4.96	21.45 ±1.02
母鸭	1 241.90 ±96.93	18.83 ±1.89	7.98 ±0.47	6.90 ±0.58	10.49 ±0.54	5.81 ±0.67	6.89 ±0.37	3.32 ±0.16	48.01 ±3.07	19.41 ±1.59

四、生产性能

（一）生长情况

据对栗水、新塘等 4 位养殖户调查，饲养 70 ～ 80 天，文桥鸭公鸭平均体重达

1 561.33 g，母鸭平均体重达 1 296.87 g，料肉比 1 : 5.23。

对 70 ~ 80 日龄公母各 30 只全州文桥鸭进行屠宰测定，其结果如表 2。

表 2　全州文桥鸭屠宰成绩

性别	公鸭	母鸭
测定数量（只）	30	30
活重（g）	1 468.10±126.28	1 241.90±96.93
屠宰率（%）	88.47±5.00	92.08±11.36
半净膛率（%）	81.91±4.69	83.34±10.06
全净膛率（%）	72.20±4.21	73.01±8.29
胸肌率（%）	8.57±1.84	10.93±1.24
腿肌率（%）	12.72±1.80	12.31±1.29
瘦肉率（%）	21.28±3.39	23.23±1.96
皮脂率（%）	13.51±2.32	13.49±1.61

（二）肉品质量

取上市日龄全州文桥鸭胸肌送广西壮族自治区分析测试中心进行检测，结果如表 3、表 4。

表 3　全州文桥鸭肉质检验报告

性别	发热量（kJ/100 g）	水分（%）	干物质（%）	蛋白质（%）	脂肪（%）	灰分（%）	肌苷酸（mg/100 g）	氨基酸总量（%）
公鸭	404.0	75.5	24.5	21.8	0.52	1.38	167	20.32
母鸭	415.2	75.0	25.0	21.6	0.65	1.38	176	17.73

表 4　全州文桥鸭胸肌氨基酸测定结果　　　　　　　（单位：%）

检测项目	公鸭	母鸭
Asp（门冬氨酸）	1.94	1.69
Thr（苏氨酸）	0.95	0.82
Ser（丝氨酸）	0.78	0.68
Glu（谷氨酸）	3.24	2.84
Pro（脯氨酸）	0.78	0.67
Gly（甘氨酸）	0.94	0.85
Ala（丙氨酸）	1.71	1.50
Cys（胱氨酸）	0.22	0.19
Val（缬氨酸）	1.07	0.93

（续表）

检测项目	公鸭	母鸭
Met（蛋氨酸）	0.53	0.45
Ile（异亮氨酸）	1.00	0.87
Leu（亮氨酸）	1.72	1.51
Tyr（酪氨酸）	0.72	0.62
Phe（苯丙氨酸）	0.88	0.77
Lys（赖氨酸）	1.93	1.66
NH$_3$（氨）	0.32	0.28
His（组氨酸）	0.54	0.48
Arg（精氨酸）	1.37	1.21

（三）蛋品质量

对 30 个全州文桥鸭鸭蛋检测，评价：①蛋黄颜色达到金黄色，色度好，优级；②蛋比重和蛋壳厚度，良好；③其他指标属正常标准范围。结果见表 5。

表 5 全州文桥鸭蛋品品质测定

项目	平均蛋重（g）	蛋壳强度（kg/cm²）	蛋比重（g/cm³）	蛋黄/蛋（%）	蛋白/蛋（%）	蛋壳/蛋（%）	哈夫单位	蛋壳厚度（mm）	蛋黄色泽（比色扇级）	血斑点（%）
测定值	66.67±3.82	3.01±0.54	5	32.99±2.41	55.77±3.79	11.29±0.67	76.00±9.11	0.42±0.03	13.13±0.83	3.33
变异系数（%）	5.73	18.06	0.5	3.64	6.79	5.94	11.98	5.97	6.29	

（四）繁殖性能

由全州县水产畜牧兽医局技术人员对养殖户调查，结果如下。

①母鸭开产日龄为 140～160 日龄，年产蛋为 250 个。②公母比例为 1:（15～30），在大群放牧饲养条件种鸭蛋受精率为 85%～95%，出壳率 75%～85%，对 50 只出壳雏鸭测重平均体重 43.4 g。③无就巢性。

大 新 珍 珠 鸭

一、产地及分布

大新珍珠鸭（Daxin pearl duck）属蛋肉兼用型地方品种。因其体躯小巧玲珑，成年公鸭毛色较深，呈棕色，头部羽毛及副羽上的镜羽呈翠绿色，放牧于稻田中尤如一颗颗明珠，因此得名"珍珠鸭"，当地群众一般称其为"本地土鸭""明仕土鸭"。

原产于大新县，中心产区为堪圩乡明仕村，主要分布于大新县堪圩乡及周边的宝圩、硕龙、雷平、恩城等乡镇54个行政村。产区2008年珍珠鸭饲养量为9.67万只，其中出栏6.15万只，存栏3.52万只。

二、体型外貌

体躯小而饱满，嘴短颈细，背平尾翘，站立或行走时身体保持挺立，性情活泼好动。雏鸭绒毛细软，呈暗黄色，有黑头星、黑线脊，黑尾巴。成年母鸭全身以白

大新珍珠鸭 公鸭

褐色麻花羽为主，有的母鸭有白眉，胸腹部灰白色；公鸭羽毛大部分呈棕、黑灰色，头部、颈上部、镜羽和尾部均呈翠绿色，尾部有 2～4 根性羽向上翘起，有的公鸭有白颈圈。肉色呈深红色；胫色为橘黄色；母鸭喙及脚蹼呈橘黄色，公鸭呈棕黄色；肤色为白色。

大新珍珠鸭 母鸭

三、体尺和体重

珍珠鸭体型小，成年公鸭 1.4～1.6 kg，母鸭 1.2～1.5 kg。大新县水产畜牧兽医局组织技术人员在广西明仕田园珍珠鸭发展有限责任公司养殖基地对珍珠鸭体重及体尺进行测定，结果详见表 1。

表 1　珍珠鸭体重、体尺测定结果

性别	体重（g）	体斜长（cm）	胸宽（cm）	胸深（cm）	龙骨长（cm）	骨盆宽（cm）	胫长（cm）	胫围（cm）	半潜水长（cm）	嘴长（cm）	嘴宽（cm）
公鸭	1 483.17 ±135.76	19.76 ±0.92	7.96 ±0.85	6.75 ±0.67	11.63 ±0.48	6.01 ±0.38	5.49 ±0.25	3.80 ±0.22	47.87 ±1.34	6.05 ±0.38	2.66 ±0.44
母鸭	1 292.32 ±138.17	19.01 ±0.83	7.30 ±1.32	6.42 ±0.54	10.31 ±0.41	6.19 ±0.46	5.35 ±0.27	3.68 ±0.23	44.91 ±1.36	5.68 ±0.22	2.61 ±0.31

注：测定时间为 2009 年 9 月 6 日；测定地点为广西明仕田园珍珠鸭发展有限责任公司养殖基地；测定人员为张向阳、何忠林、范奇新、谭国缔、许福武

四、生产性能

（一）生长性能

雏鸭长到8周后方能进行性别鉴定，由于是以放牧为主，珍珠鸭生长较为缓慢，经80～90天饲养，可达到1.3～1.6 kg的屠宰体重，但肉质以120天左右为最佳。放牧饲养的珍珠鸭只需加喂一些谷物，一般加喂谷物与出售肉鸭体重的比例为（1.2～1.5）：1。2009年8月15日至10月14日（共70天），大新县水产畜牧兽医局组织技术人员在广西明仕田园珍珠鸭发展有限责任公司明仕养殖基地内进行珍珠鸭生长速度测定，各阶段体重见表2。

表2 珍珠鸭生长速度 （单位：g）

初生重	1周龄	2周龄	3周龄	4周龄	5周龄	6周龄	7周龄	8周龄	9周龄	10周龄
46.50 ±1.08	49.80 ±4.57	178.40 ±15.64	337.20 ±28.27	593.10 ±39.16	776.20 ±67.38	807.70 ±79.05	850.50 ±91.43	884.40 ±97.16	967.30 ±106.97	1 025.60 ±124.24

注：测定时间为2009年8月15日至10月14日；测定地点为广西明仕田园珍珠鸭发展有限责任公司养殖基地；测定人员为张向阳、何忠林、范奇新、谭国缔、许福武

（二）屠宰及肉质

随机采样珍珠鸭公母禽各30只进行屠宰测定，结果见表3。

表3 珍珠鸭屠宰率等各项指标

性别	鸭数（只）	日龄	活重（g）	血重（g）	羽毛重（g）	肝重（g）	肌骨重（g）	屠宰率（%）	净肉率（%）	半净膛重（g）	全净膛重（g）
公鸭	30	85～92	1 394	59	61	49	59	91.84 ±4.82	33.77 ±1.65	912.0 ±78.07	805.0 ±72.44
母鸭	30	85～92	1 287	53	52	44	56	90.67 ±2.93	27.65 ±1.44	894.0 ±69.25	786.0 ±65.52

注：测定时间为2009年9月7日；测定地点为广西明仕田园珍珠鸭发展有限责任公司养殖基地；测定人员为张向阳、何忠林、范奇新、谭国缔、许福武

表4 珍珠鸭肌肉化学成分 （单位：%）

部位	水分	蛋白质	脂肪	粗纤维
胸肌	71.6	23.2	1.3	0.0
腿肌	74.1	21.4	2.6	0.0

珍珠鸭抗逆能力强，发病少，存活率较高（表5）。

季节	育雏期存活率	育成期存活率
夏季	96.72	98.13
冬季	94.17	97.02

表 5　珍珠鸭存活率　　　　　　　　　　　（单位：%）

珍珠鸭蛋形标准，蛋黄金黄色、色度好，各项品质指标见表 6。

表 6　珍珠鸭蛋品质量

平均蛋重（g）	67.80±6.41
蛋壳强度（kg/cm²）	3.20±0.49
蛋比重（级）	3
蛋黄 / 蛋（%）	36.19±2.41
蛋白 / 蛋（%）	53.59±3.30
蛋壳 / 蛋（%）	10.72±0.86
哈夫单位	74.58±6.53
蛋壳厚度（mm）	0.325±0.034
蛋黄色泽（比色扇级）	12.43±1.10
血斑点（%）	6.67

五、繁殖性能

根据广西明仕田园珍珠鸭发展有限责任公司的原始记录和对产区农户调查走访，繁殖性能如下。

①公鸭 90 ～ 100 日龄性成熟，母鸭 120 ～ 150 日龄性成熟，130 ～ 140 日龄产蛋 50% 左右，在放牧饲养条件下，年均每只母鸭年产蛋 200 ～ 220 个。②种鸭利用年限为 2 ～ 3 年，公母比例 1：（15 ～ 20），受精率 75% ～ 85%。③受精蛋孵化率，控温条件下孵化率为 85% 左右，采用母鸡孵化率 73%。④蛋重 65 ～ 70 g。⑤无就巢性。

右 江 鹅

一、产地及分布

右江鹅（Youjiang goose）属肉用型地方品种。1987年列入《广西家畜家禽品种志》，2011年列入《中国畜禽遗传资源志》。

原产于百色市。中心产区为百色市的右江区。主要分布于田阳县、田东县等右江两岸以及田林县内各乡镇。南宁、钦州、玉林和梧州等地也有分布。

二、体型外貌

右江鹅体长如船形，成年公母鹅背宽胸广，腹部下垂。公鹅黑色肉瘤较小，颌下无垂皮，虹彩为褐色。母鹅头较小，清秀，额上无肉瘤，颌下也没有垂皮。

成年公鹅头、颈部背面的羽毛呈棕色，腹面羽毛为白色，胸部羽毛为灰白色，腹羽为白色，背羽灰色镶琥珀边，主翼羽前两根为白色，后8根为灰色镶白边，灰

右江鹅　公鹅

色镶白边斜上后外伸，头和喙肉瘤交界处有一小白毛圈。成年母鹅头、颈部背面羽毛为棕灰色，胸部灰白色，腹部白色。1日龄出壳雏鹅绒毛灰色。胸背颜色较深，腹部较浅。

公母鹅肉色为米白色，骨膜为白色；喙为黑色，蹠、蹼均为橘红色，爪和喙豆为黄色。肤色为黄色，皮薄，脂少，毛孔中等大，表面光滑。

右江鹅　母鹅

三、体尺、体重

成年右江鹅的体尺、体重如表1。

表1　右江鹅的体尺、体重（*n*=25）

性别	体重（kg）	体斜长（cm）	胸宽（cm）	胸深（cm）	龙骨长（cm）	骨盆宽（cm）	胫长（cm）	胫围（cm）	半潜水长（cm）	颈长（cm）
公鹅	4.99 ±0.59	30.75 ±1.39	13.00 ±1.12	11.08 ±0.97	17.44 ±1.30	7.91 ±1.44	10.42 ±0.82	5.56 ±0.34	63.74 ±2.10	30.39 ±1.49
母鹅	4.06 ±0.60	29.23 ±1.81	11.87 ±1.18	10.46 ±1.28	15.87 ±1.32	7.77 ±1.68	9.56 ±0.76	5.31 ±0.40	57.65 ±3.84	27.22 ±3.18

四、生产性能

（一）产肉性能

右江鹅生长速度较慢，在放牧为主的情况下，3月龄体重2.25～3.50 kg，5月龄的公鹅达4.83 kg，母鹅达3.93 kg。右江鹅的屠宰成绩见表2。

表2　右江鹅的屠宰成绩

日龄	性别	活重（kg）	屠宰率（%）	半净膛率（%）	全净膛率（%）	胸肌率（%）	腿肌率（%）	腹脂率（%）	皮脂率（%）
120	公鹅	4.88 ±0.43	91.34 ±1.98	82.46 ±2.89	73.16 ±1.74	14.21 ±1.32	14.10 ±1.85	4.83 ±1.37	23.55 ±2.22
	母鹅	3.94 ±0.39	91.72 ±1.56	82.00 ±3.62	72.87 ±3.37	14.84 ±1.88	14.29 ±1.90	4.36 ±0.66	22.34 ±3.29

（二）肉品质量

肌肉主要化学成分：根据广西壮族自治区分析测试研究中心出具的检测报告，右江鹅肌肉含热量528 kJ/100 g，水分72.7%，干物质27.3%，蛋白质22.8%，脂肪3.7%，膳食纤维0.02%，粗灰分1.56%。

（三）蛋品质量

右江鹅的蛋品质量见表3。

表3　成年右江鹅的蛋品质量

种鹅日龄	测定数（只）	蛋重（g）	蛋形指数	壳厚（mm）	蛋比重（g/cm³）	蛋黄色泽（级）	蛋黄比率（%）	哈夫单位
300	60	131.11 ±5.50	1.44 ±0.04	0.53 ±0.03	1.089 ±0.010	7.4 ±0.7	37.57 ±2.61	95.92 ±4.17

（四）繁殖性能

右江鹅养至4、5月龄已达到成年体重。公鹅9月龄开踩，母鹅一年开产，如果在饲养水平较高的条件下，个别9月龄可以开产。年产蛋较少，平均年产三造蛋，每造蛋8～15个，多数产10～12个，个别高产每造可达18～20个。在产蛋期间多为隔日产蛋。年均产蛋多数为40个左右。右江鹅抱窝性强，放牧时，母鹅懂得回窝产蛋，公鹅则守在窝旁，孵化期间，公鹅守着母鹅抱蛋。孵化期为30～35 d，冷天孵化期较长，热天孵化期较短，多数为31～32 d，母鹅从产蛋→孵蛋→产蛋需75～90天。在自然放牧下，右江鹅公母比例一般为1：（5～6），种蛋受精率90%。受精蛋的孵化率为95%。右江鹅平均蛋重131 g，蛋壳颜色有青壳和白壳两种，青壳蛋比例小。

合 浦 鹅

一、产地及分布

合浦鹅（Hepu goose）属肉用型地方品种。

合浦鹅原产地为合浦县，主要集中分布在合浦县境内的南流江中下游及其出海口处冲积平原的党江、沙岗、西场、星岛湖、廉州、石湾等乡镇，全县其他乡镇也有分散养殖。区内的博白、钦州等地也有分布。近年来，广东、云南、湖南、海南等地亦有饲养。

二、体型外貌

公鹅体型宽大、颈粗长、胸宽深、脚粗大而有力。母鹅颈细长，体躯前窄浅、后宽深，腹下有皱褶。公鹅黑色肉瘤较大而前倾，颌下有垂皮，眼睛虹彩淡棕色，行走时头颈上伸，喜鸣叫且相呼应。母鹅头较公鹅的小，清秀，额上肉瘤中等，个别母鹅颌下也有垂皮。鹅喙短宽，紧合有力，呈黑色。公鹅羽毛为灰色，背羽颜色

合浦鹅　公鹅

较深，胸腹部羽色较浅。部分鹅颈的全部、胸部和拖水羽毛带少量不规则白色斑点。母鹅羽毛为灰色，胸、背、腹部的羽色基本一致。

公母鹅喙、胫、蹼及趾大多数为黑色，部分鹅的胫、蹼及趾为灰黄色。肤色为白色，皮薄，脂少，皮表面光滑。刚出壳的雏鹅绒毛灰色。肉色为米白色，骨膜为白色。

合浦鹅　母鹅

三、体尺和体重

合浦鹅体尺和体重测定结果见表 1。

表 1　合浦鹅的体尺、体重

性别	体重（kg）	体斜长（cm）	胸宽（cm）	胸深（cm）	龙骨长（cm）	骨盆宽（cm）	胫长（cm）	胫围（cm）	半潜水长（cm）	颈长（cm）
公鹅	7.56 ±0.67	34.50 ±2.08	15.66 ±2.26	11.02 ±1.74	20.72 ±1.36	10.77 ±0.96	11.84 ±0.72	6.60 ±0.47	72.07 ±2.55	43.46 ±4.58
母鹅	5.49 ±0.60	31.96 ±2.29	14.18 ±2.20	9.79 ±0.65	18.15 ±1.17	9.78 ±0.85	10.41 ±0.53	6.03 ±0.42	63.77 ±2.40	38.92 ±4.01

注：本数据是在中心产区农村散养户中测定而得

四、生产性能

（一）产肉性能

以全价料为主，适当补饲一定量的青料，仔鹅 70 ～ 90 日龄平均出栏体重为

4.5～6.0 kg，（精）料重比为 2∶1。在规模养殖和配合料饲养条件下，仔鹅体重达 5 kg 以上，各周龄体重耗料量见表 2。

表 2　合浦鹅各周龄体重耗料量

周龄	体重（g）	周增重（g）	周耗料（g）
出壳	142±3		
1	375±8	233±5	86
2	709±7	334±7	501
3	1 328±8	619±10	1 195
4	1 968±14	640±10	1 399
5	2 613±19	645±15	1 806
6	3 216±23	653±12	1 769
7	3 964±24	698±20	2 416
8	4 426±32	464±24	2 103
9	4 813±51	387±36	1 960
10	5 180±43	367±34	2 075
合计	5 180	5 040	15 310

注：数据来源于《广西畜牧兽医》（2007 年第 7 期）《合浦鹅和朗德鹅产肉性能观察》（梁远东）

合浦鹅的屠宰成绩见表 3。

表 3　合浦鹅的屠宰成绩

日龄	性别	活重（kg）	屠宰率（%）	半净膛率（%）	全净膛率（%）	胸肌率（%）	腿肌率（%）	腹脂率（%）	皮脂率（%）
120	公鹅	5.58±0.52	87.53±1.61	77.24±2.22	69.29±2.27	10.24±1.22	15.26±1.14	1.38±0.77	20.06±2.13
	母鹅	4.63±0.51	91.67±1.82	76.77±2.16	68.20±2.29	11.30±0.93	14.96±1.10	2.38±0.87	23.64±2.57

（二）肉品质量

根据广西壮族自治区分析测试研究中心 2004 年 4 月 2 日出具的检测报告，合浦鹅肌肉含热量 496 kJ/100 g，水分 72.9%，干物质 27.1%，蛋白质 22.1%，脂肪 2.72%，粗灰分 1.3%。

（三）蛋品质量

合浦鹅蛋品质量见表 4。

表 4　合浦鹅的蛋品质量

种鹅日龄	蛋重（g）	蛋形指数	壳厚（mm）	蛋比重（g/cm³）	蛋黄色泽（级）	蛋黄比率（%）	哈夫单位	蛋壳强度（kg/cm²）
300	183.20 ±15.28	1.40 ±0.13	0.52 ±0.05	1.09 ±0.01	6.80 ±1.54	32.43 ±2.92	98.63 ±6.20	8.51 ±0.35

（四）繁殖性能

合浦鹅在 180～210 日龄性成熟，每年的 8 月中旬至翌年 5 月为繁殖季节，5～8 月为停产期。自然交配情况下，公母配比为 1:5 左右；种鹅使用年限为 3～5 年。每年产蛋 3～4 窝，全年产蛋 33 只左右。母鹅就巢性强，每产完一窝蛋，就巢一次。自然交配受精率平均为 86.3%。受精蛋孵化率平均为 85.0%。平均蛋重 183 g，蛋壳颜色白色。

天 峨 六 画 山 鸡

一、产地及分布

天峨六画山鸡（Tian'e Liuhua pheasant），俗称野鸡、山鸡，因当地壮语称为"rwowa"，意为"花的鸟"，与汉语"六画"谐音而得名，属肉用、观赏型为主的雉鸡地方品种。2011 年列入《中国畜禽遗传资源志》。

中心产区为天峨县八腊乡，主要分布在该县的六排、岜暮、纳直、更新、向阳、下老、坡结、三堡等乡镇，天峨县周边的东兰、凤山、南丹等县亦有少量分布。

二、体型外貌

天峨六画山鸡体型俊秀挺拔，体躯匀称，脚胫细长，头部无肉冠，头颈昂扬，尾羽笔直，雄鸡头顶两侧各有 1 束耸立的墨绿色耳羽簇，髯及眼睛周围裸露皮肤呈鲜红色，喙为灰褐色，胫、趾为青色，皮肤为粉红色，肉色为暗红色。

天峨六画山鸡　公鸡

成年公山鸡羽毛华丽，色彩斑斓。头颈部为墨绿色，有金属光泽，颈部没有白环，这是区别于其他环颈雉的明显特征；胸部羽毛为深蓝色；背部为蓝灰色，金色镶边；腰部为土黄色；尾羽较长，呈黄灰色，排列着整齐的墨绿色横斑。

成年母山鸡羽毛主色有深褐色和浅褐色两种，间有黄褐色至灰褐斑纹。头部、颈部羽毛为黄褐色；胸部为黄色，腹部米黄色，尾羽比公的短，褐色有斑纹。

雏鸡绒毛主色为褐白花，背部有条纹。2 月龄左右表现出明显的性别羽毛特征。

天峨六画山鸡　母鸡

三、体重、体尺

调查组在六排、岜暮、八腊、坡结 4 个乡镇的 7 个场（户）随机抽样 300 日龄公母鸡各 30 只进行测定，结果见表 1。

表 1　天峨六画山鸡体重、体尺测定结果

性别	体重（g）	体斜长（cm）	胸宽（cm）	胸深（cm）	龙骨长（cm）	骨盆宽（cm）	胫长（cm）	胫围（cm）	胸角（°）
公鸡	1 367.90 ±122.77	19.49 ±0.96	6.86 ±0.38	8.97 ±0.22	14.38 ±0.46	6.26 ±0.41	7.45 ±0.36	3.29 ±0.17	77.07 ±2.96
母鸡	1 141.97 ±94.40	17.51 ±0.67	5.83 ±0.55	7.92 ±0.46	11.65 ±0.65	5.52 ±0.39	6.73 ±0.44	2.74 ±0.14	73.23 ±3.74

四、生产性能

（一）生长性能

调查组在六排、岜暮、八腊、坡结 4 个乡镇的 7 个场（户）对 75 日龄和 100 日龄的山鸡体重、体尺进行测定，每个日龄段随机抽样公鸡母各 30 只，其结果见表 2。

表 2　天峨六画山鸡生长性能

日龄	75		100	
项目	公鸡	母鸡	公鸡	母鸡
体重（g）	463.57±4.38	318.47±4.85	902.40±62.47	865.80±43.68
体斜长（cm）	14.44±0.20	13.20±0.18	17.87±0.57	17.76±0.31
胸宽（cm）	4.44±0.13	4.11±0.18	5.23±0.58	5.35±0.16
胸深（cm）	4.82±0.20	4.28±0.26	8.05±0.32	7.96±0.12
胸角（°）	57.23±2.03	55.53±1.38	74.40±2.97	76.57±4.22
龙骨长（cm）	9.07±0.20	8.48±0.15	12.90±0.62	11.21±0.98
骨盆宽（cm）	2.78±0.15	2.27±0.16	4.24±0.17	4.19±0.21
胫长（cm）	5.70±0.12	5.68±0.13	7.33±0.12	5.96±0.13
胫围（cm）	2.17±0.11	2.14±0.11	2.86±0.20	2.51±0.09

（二）产肉性能

随机抽样上市日龄的天峨六画山鸡公鸡、雌鸡各 30 只进行屠宰测定，结果见表 3。

表 3　天峨六画山鸡屠宰测定结果

项目	公鸡	母鸡
测定数量（只）	30	30
日龄	300	300
活重（g）	1 367.90±122.77	1 141.97±94.4
屠宰重（g）	1 209.10±106.87	1 027.83±85.04
半净膛重（g）	1 129.87±101.25	932.77±77.09
全净膛重（g）	991.50±89.75	822.20±67.89
腿肌重（g）	240.13±22.54	174.70±14.36
胸肌重（g）	298.27±27.61	226.10±18.54
瘦肉重（g）	538.40±50.04	400.80±32.89
屠宰率（%）	88.40±0.49	90.01±0.03
半净膛率（%）	82.60±0.04	81.68±0.03
全净膛率（%）	72.48±0.20	72.00±0.03
胸肌率（%）	30.08±0.19	27.50±0.09
腿肌率（%）	24.22±0.37	21.25±0.03
瘦肉率（%）	54.29±0.52	48.75±0.09

（三）肉品质量

抽取天峨六画山鸡肌肉样品送广西分析测试中心进行营养成分分析，综合结果见表4、表5。

表4　天峨六画山鸡肉质检测情况

序号	检测项目		检测结果
1	水分（%）		73.7
2	蛋白质（%）		25.1
3	胆固醇（mg/100 g）		41.9
4	膳食纤维（%）		0.05
5	不饱和脂肪酸	油酸（mg/100 g）	27
		亚油酸（mg/100 g）	81
		亚麻酸（mg/100 g）	59
6	氨基酸（%）		21.52

表5　天峨六画山鸡氨基酸测定结果　　　　　　　（单位：%）

序号	检测项目	检测结果
1	Asp（门冬氨酸）	2.14
2	Thr（苏氨酸）	0.97
3	Ser（丝氨酸）	0.81
4	Glu（谷氨酸）	3.30
5	Pro（脯氨酸）	0.80
6	Gly（甘氨酸）	0.96
7	Ala（丙氨酸）	1.34
8	Cys（胱氨酸）	0.15
9	Val（缬氨酸）	1.18
10	Met（蛋氨酸）	0.55
11	Ile（异亮氨酸）	1.17
12	Leu（亮氨酸）	1.89
13	Tyr（酪氨酸）	0.76
14	Phe（苯丙氨酸）	1.23
15	Lys（赖氨酸）	2.02
16	NH_3（氨）	0.44
17	His（组氨酸）	0.83
18	Arg（精氨酸）	1.42

（四）繁殖性能

母鸡在 180 ～ 210 日龄开产，年产蛋 70 ～ 90 个，平均蛋重 29.0 g，平均纵径 44.8 mm、横径 34.9 mm，蛋型指数 1.28，蛋壳多为青灰色，亦有少量的为青色。母鸡就巢性较强，每产 10 ～ 15 个蛋后抱窝 1 次，种蛋的受精率为 80% ～ 90%，受精蛋的孵化率为 85% ～ 90%。

附　录

附录1　中国畜禽遗传资源名录

一、猪

序号	品种名称	序号	品种名称	序号	品种名称
			地方品种		
1	马身猪	16	嘉兴黑猪	31	杭猪
2	河套大耳猪	17	兰溪花猪	32	乐平猪
3	民猪	18	嵊县花猪	33	玉江猪
4	枫泾猪	19	仙居花猪	34	大蒲莲猪
5	浦东白猪	20	安庆六白猪	35	莱芜猪
6	东串猪	21	皖南黑猪	36	南阳黑猪
7	二花脸猪	22	圩猪	37	确山黑猪
8	淮猪（淮北猪、山猪、灶猪、定远猪、皖北猪、淮南猪）	23	皖浙花猪	38	清平猪
9	姜曲海猪	24	官庄花猪	39	阳新猪
10	梅山猪	25	槐猪	40	大围子猪
11	米猪	26	闽北花猪	41	华中两头乌猪（沙子岭猪、监利猪、通城猪、赣西两头乌猪、东山猪）
12	沙乌头猪	27	莆田猪	42	宁乡猪
13	碧湖猪	28	武夷黑猪	43	黔邵花猪
14	岔路黑猪	29	滨湖黑猪	44	湘西黑猪
15	金华猪	30	赣中南花猪	45	大花白猪

（续表）

序号	品种名称	序号	品种名称	序号	品种名称
46	蓝塘猪	57	湖川山地猪（恩施黑猪、盆周山地猪、合川黑猪、罗盘山猪、渠溪猪、丫杈猪）	68	高黎贡山猪
47	粤东黑猪	58	内江猪	69	明光小耳猪
48	巴马香猪	59	乌金猪（柯乐猪、大河猪、昭通猪、凉山猪）	70	滇南小耳猪
49	德保猪	60	雅南猪	71	撒坝猪
50	桂中花猪	61	白洗猪	72	藏猪（西藏藏猪、迪庆藏猪、四川藏猪、合作猪）
51	两广小花猪（陆川猪、广东小耳花猪、墩头猪）	62	关岭猪	73	汉江黑猪
52	隆林猪	63	江口萝卜猪	74	八眉猪
53	海南猪	64	黔北黑猪	75	兰屿小耳猪
54	五指山猪	65	黔东花猪	76	桃园猪
55	荣昌猪	66	香猪	77	高黎贡山猪（2010）
56	成华猪	67	保山猪	78	丽江猪（2015）
培育品种					
1	新淮猪	14	深农猪（1999）	27	苏淮猪（2011）
2	上海白猪	15	大河乌猪（2003）	28	天府肉猪（2011）
3	北京黑猪	16	冀合白猪（2003）	29	湘村黑猪（2012）
4	伊犁白猪	17	中育猪（2005）	30	龙宝1号猪（2013）
5	汉中白猪	18	华农温氏I号猪（2006）	31	苏姜猪（2013）
6	山西黑猪	19	滇撒猪（2006）	32	晋汾白猪（2014）
7	三江白猪	20	鲁莱黑猪（2006）	33	川藏黑猪（2014）
8	湖北白猪	21	鲁烟白猪（2007）	34	江泉白猪（2015）
9	浙江中白猪	22	鲁农I号猪（2007）	35	温氏WS501猪（2015）
10	苏太猪（1999）	23	渝荣I号猪（2007）	36	吉神黑猪（2018）
11	南昌白猪（1999）	24	豫南黑猪（2008）	37	苏山猪（2018）
12	军牧1号白猪（1999）	25	滇陆猪（2009）	38	宣和猪（2018）
13	光明猪（1999）	26	松辽黑猪（2010）	39	枣庄黑盖猪（2019）

（续表）

序号	品种名称	序号	品种名称	序号	品种名称
引进品种					
1	大白猪	3	杜洛克猪	5	皮特兰猪
2	长白猪	4	汉普夏猪	6	巴克夏猪

二、鸡

序号	品种名称	序号	品种名称	序号	品种名称
地方品种					
1	北京油鸡	25	闽清毛脚鸡	49	双莲鸡
2	坝上长尾鸡	26	象洞鸡	50	郧阳白羽乌鸡
3	边鸡	27	漳州斗鸡	51	郧阳大鸡
4	大骨鸡	28	安义瓦灰鸡	52	东安鸡
5	林甸鸡	29	白耳黄鸡	53	黄郎鸡
6	浦东鸡	30	崇仁麻鸡	54	桃源鸡
7	狼山鸡	31	东乡绿壳蛋鸡	55	雪峰乌骨鸡
8	溧阳鸡	32	康乐鸡	56	怀乡鸡
9	鹿苑鸡	33	宁都黄鸡	57	惠阳胡须鸡
10	如皋黄鸡	34	丝羽乌骨鸡	58	清远麻鸡
11	太湖鸡	35	余干乌骨鸡	59	杏花鸡
12	仙居鸡	36	济宁百日鸡	60	阳山鸡
13	江山乌骨鸡	37	鲁西斗鸡	61	中山沙栏鸡
14	灵昆鸡	38	琅琊鸡	62	广西麻鸡
15	萧山鸡	39	寿光鸡	63	广西三黄鸡
16	淮北麻鸡	40	汶上芦花鸡	64	广西乌鸡
17	淮南麻黄鸡	41	固始鸡	65	龙胜凤鸡
18	黄山黑鸡	42	河南斗鸡	66	霞烟鸡
19	皖北斗鸡	43	卢氏鸡	67	瑶鸡
20	五华鸡	44	淅川乌骨鸡	68	文昌鸡
21	皖南三黄鸡	45	正阳三黄鸡	69	城口山地鸡
22	德化黑鸡	46	洪山鸡	70	大宁河鸡
23	金湖乌凤鸡	47	江汉鸡	71	峨眉黑鸡
24	河田鸡	48	景阳鸡	72	旧院黑鸡

（续表）

序号	品种名称	序号	品种名称	序号	品种名称
73	金阳丝毛鸡	87	茶花鸡	101	略阳鸡
74	泸宁鸡	88	独龙鸡	102	太白鸡
75	凉山崖鹰鸡	89	大围山微型鸡	103	静原鸡
76	米易鸡	90	兰坪绒毛鸡	104	海东鸡
77	彭县黄鸡	91	尼西鸡	105	拜城油鸡
78	四川山地乌骨鸡	92	瓢鸡	106	和田黑鸡
79	石棉草科鸡	93	腾冲雪鸡	107	吐鲁番斗鸡
80	矮脚鸡	94	他留乌骨鸡	108	麻城绿壳蛋鸡（2012）
81	长顺绿壳蛋鸡	95	武定鸡	109	太行鸡（2015）
82	高脚鸡	96	无量山乌骨鸡	110	广元灰鸡（2016）
83	黔东南小香鸡	97	西双版纳斗鸡	111	荆门黑羽绿壳蛋鸡（2018）
84	乌蒙乌骨鸡	98	盐津乌骨鸡	112	富蕴黑鸡（2018）
85	威宁鸡	99	云龙矮脚鸡	113	天长三黄鸡（2018）
86	竹乡鸡	100	藏鸡	114	宁蒗高原鸡（2018）
培育品种					
1	新狼山鸡	22	南海黄麻鸡1号（2010）	43	大午金凤蛋鸡（2015）
2	新浦东鸡	23	弘香鸡（2010）	44	天农麻鸡（2015）
3	新扬州鸡	24	新广铁脚麻鸡（2010）	45	新杨黑羽蛋鸡（2015）
4	京海黄鸡（2009）	25	新广黄鸡K996（2010）	46	豫粉1号蛋鸡（2015）
5	皖江黄鸡（2009）	26	五星黄鸡（2011）	47	温氏青脚麻鸡2号（2015）
6	皖江麻鸡（2009）	27	凤翔青脚麻鸡（2011）	48	农大5号小型蛋鸡（2015）
7	良凤花鸡（2009）	28	凤翔乌鸡（2011）	49	科朗麻黄鸡（2015）
8	金陵麻鸡（2009）	29	振宁黄鸡（2012）	50	京白1号蛋鸡（2016）
9	金陵黄鸡（2009）	30	潭牛鸡（2012）	51	京星黄鸡103（2016）
10	京红1号蛋鸡（2009）	31	金种麻黄鸡（2012）	52	栗园油鸡蛋鸡（2016）
11	京粉1号蛋鸡（2009）	32	镇宁黄鸡（2012）	53	黎村黄鸡（2016）
12	雪山鸡（2009）	33	大午粉1号蛋鸡（2013）	54	凤达1号蛋鸡（2016）
13	苏禽黄鸡2号（2009）	34	苏禽绿壳蛋鸡（2013）	55	欣华2号蛋鸡（2016）
14	墟岗黄鸡1号（2009）	35	三高青脚黄鸡3号（2013）	56	鸿光黑鸡（2016）
15	皖南黄鸡（2009）	36	京粉2号蛋鸡（2013）	57	参皇鸡1号（2016）
16	皖南青脚鸡（2009）	37	天露黄鸡（2014）	58	鸿光麻鸡（2018）
17	岭南黄鸡3号（2010）	38	天露黑鸡（2014）	59	天府肉鸡（2018）
18	金钱麻鸡1号（2010）	39	光大梅黄1号肉鸡（2014）	60	海扬黄鸡（2018）
19	大恒699肉鸡（2010）	40	粤禽皇5号蛋鸡（2014）	61	肉鸡WOD168（2018）
20	新杨白壳蛋鸡（2010）	41	桂凤二号肉鸡（2014）	62	金陵黑凤鸡（2019）
21	新杨绿壳蛋鸡（2010）	42	金陵花鸡（2015）	63	京粉6号蛋鸡（2019）

（续表）

序号	品种名称	序号	品种名称	序号	品种名称
引进品种					
1	隐性白羽肉鸡	3	来航鸡	5	贵妃鸡
2	矮小黄鸡	4	洛岛红鸡		

三、鸭

序号	品种名称	序号	品种名称	序号	品种名称
地方品种					
1	北京鸭	14	淮南麻鸭	27	三穗鸭
2	高邮鸭	15	恩施麻鸭	28	兴义鸭
3	绍兴鸭	16	荆江麻鸭	29	建水黄褐鸭
4	巢湖鸭	17	沔阳麻鸭	30	云南麻鸭
5	金定鸭	18	攸县麻鸭	31	汉中麻鸭
6	连城白鸭	19	临武鸭	32	褐色菜鸭
7	莆田黑鸭	20	广西小麻鸭	33	缙云麻鸭（2011）
8	山麻鸭	21	靖西大麻鸭	34	马踏湖鸭（2015）
9	中国番鸭	22	龙胜翠鸭	35	娄门鸭（2018）
10	大余鸭	23	融水香鸭	36	于田麻鸭（2018）
11	吉安红毛鸭	24	麻旺鸭	37	润州凤头白鸭（2019）
12	微山麻鸭	25	建昌鸭		
13	文登黑鸭	26	四川麻鸭		
培育品种					
1	苏邮1号蛋鸭（2011）	3	中畜草原白羽肉鸭（2018）		
2	国绍Ⅰ号蛋鸭（2015）	4	中新白羽肉鸭（2019）		
引进品种					
1	卡叽-康贝尔鸭	2	瘤头鸭		

四、鹅

序号	品种名称	序号	品种名称	序号	品种名称
地方品种					
1	太湖鹅	11	广丰白翎鹅	21	乌棕鹅
2	籽鹅	12	莲花白鹅	22	阳江鹅
3	永康灰鹅	13	百子鹅	23	右江鹅
4	浙东白鹅	14	豁眼鹅	24	定安鹅
5	皖西白鹅	15	通州灰鹅	25	钢鹅
6	雁鹅	16	鄱县白鹅	26	四川白鹅
7	长乐鹅	17	武冈铜鹅	27	平坝灰鹅
8	闽北白鹅	18	溆浦鹅	28	织金白鹅
9	兴国灰鹅	19	马岗鹅	29	伊犁鹅
10	丰城灰鹅	20	狮头鹅	30	云南鹅（2010）
培育品种					
1	扬州鹅	2	天府肉鹅（2011）	3	江南白鹅（2018）
引进品种					
1		2			

五、特禽

序号	品种名称	序号	品种名称	序号	品种名称
地方品种					
1	闽南火鸡	3	塔里木鸽	5	枞阳媒鸭
2	石岐鸽	4	中国山鸡	6	天峨六画山鸡
培育品种					
1	左家雉鸡	3	申鸿七彩雉（2019）		
2	神丹 1 号鹌鹑（2012）	4	天翔 1 号肉鸽（2019）		
引进品种					
1	尼古拉斯火鸡	6	非洲黑鸵鸟	11	绿头鸭
2	青铜火鸡	7	红颈鸵鸟	12	鹧鸪
3	美国王鸽	8	蓝颈鸵鸟	13	蓝孔雀
4	朝鲜鹌鹑	9	鸸鹋	14	珍珠鸡
5	迪法克 FM 系肉用鹌鹑	10	美国七彩山鸡		

六、黄牛

序号	品种名称	序号	品种名称	序号	品种名称
地方品种					
1	秦川牛（早胜牛）	20	渤海黑牛	39	务川黑牛
2	南阳牛	21	蒙山牛	40	邓川牛
3	鲁西牛	22	郏县红牛	41	迪庆牛
4	晋南牛	23	枣北牛	42	滇中牛
5	延边牛	24	巫陵牛	43	文山牛
6	冀南牛	25	雷琼牛	44	云南高峰牛
7	太行牛	26	隆林牛	45	昭通牛
8	平陆山地牛	27	南丹牛	46	阿沛甲咂牛
9	蒙古牛	28	涠洲牛	47	日喀则驼峰牛
10	复州牛	29	巴山牛	48	西藏牛
11	徐州牛	30	川南山地黄牛	49	樟木牛
12	温岭高峰牛	31	峨边花牛	50	柴达木牛
13	舟山牛	32	甘孜藏牛	51	哈萨克牛
14	大别山牛	33	凉山牛	52	台湾牛
15	皖南牛	34	平武牛	53	滇中牛（2010）
16	闽南牛	35	三江牛	54	江淮水牛（2010）
17	广丰牛	36	关岭牛	55	皖东牛（2015）
18	吉安牛	37	黎平牛	56	夷陵牛（2018）
19	锦江牛	38	威宁牛		
培育品种					
1	中国荷斯坦牛	5	中国草原红牛	9	蜀宣花牛（2012）
2	中国西门塔尔牛	6	夏南牛	10	云岭牛（2014）
3	三河牛	7	延黄牛		
4	新疆褐牛	8	辽育白牛（2010）		
引进品种					
1	荷斯坦牛	5	安格斯牛	9	南德文牛
2	西门塔尔牛	6	娟珊牛	10	皮埃蒙特牛
3	夏洛来牛	7	婆罗门牛	11	短角牛
4	利木赞牛	8	德国黄牛		

七、水牛

序号	品种名称	序号	品种名称	序号	品种名称
地方品种					
1	海子水牛	10	信阳水牛	19	宜宾水牛
2	盱眙山区水牛	11	恩施山地水牛	20	贵州白水牛
3	温州水牛	12	江汉水牛	21	贵州水牛
4	东流水牛	13	滨湖水牛	22	槟榔江水牛
5	江淮水牛	14	富钟水牛	23	德宏水牛
6	福安水牛	15	西林水牛	24	滇东南水牛
7	鄱阳湖水牛	16	兴隆水牛	25	盐津水牛
8	峡江水牛	17	德昌水牛	26	陕南水牛
9	信丰山地水牛	18	涪陵水牛		
引进品种					
1	摩拉水牛	2	尼里-拉菲水牛		

八、牦牛

序号	品种名称	序号	品种名称	序号	品种名称
地方品种					
1	九龙牦牛	7	斯布牦牛	13	昌台牦牛（2018）
2	麦洼牦牛	8	西藏高山牦牛	14	类乌齐牦牛（2018）
3	木里牦牛	9	甘南牦牛	15	环湖牦牛（2018）
4	中甸牦牛	10	天祝白牦牛	16	雪多牦牛（2018）
5	娘亚牦牛	11	青海高原牦牛		
6	帕里牦牛	12	金川牦牛（2014）		
培育品种					
1	大通牦牛	2	巴州牦牛	3	阿什旦牦牛（2019）

九、大额牛

序号	品种名称	序号	品种名称	序号	品种名称
地方品种					
1	独龙牛				

十、绵羊

序号	品种名称	序号	品种名称	序号	品种名称
地方品种					
1	蒙古羊	16	太行裘皮羊	31	阿勒泰羊
2	西藏羊	17	豫西脂尾羊	32	巴尔楚克羊
3	哈萨克羊	18	威宁绵羊	33	巴什拜羊
4	广灵大尾羊	19	迪庆绵羊	34	巴音布鲁克羊
5	晋中绵羊	20	兰坪乌骨绵羊	35	策勒黑羊
6	呼伦贝尔羊（2010）	21	宁蒗黑绵羊	36	多浪羊
7	苏尼特羊	22	石屏青绵羊	37	和田羊
8	乌冉克羊	23	腾冲绵羊	38	柯尔克孜羊
9	乌珠穆沁羊	24	昭通绵羊	39	罗布羊
10	湖羊	25	汉中绵羊	40	塔什库尔干羊
11	鲁中山地绵羊	26	同羊	41	吐鲁番黑羊
12	泗水裘皮羊	27	兰州大尾羊	42	叶城羊
13	洼地绵羊	28	岷县黑裘皮羊	43	欧拉羊（2018）
14	小尾寒羊	29	贵德黑裘皮羊		
15	大尾寒羊	30	滩羊		
培育品种					
1	新疆细毛羊	11	巴美肉羊	21	内蒙古半细毛羊
2	东北细毛羊	12	彭波半细毛羊	22	陕北细毛羊
3	内蒙古细毛羊	13	凉山半细毛羊（2009）	23	昭乌达肉羊（2012）
4	甘肃高山细毛羊	14	青海毛肉兼用细毛羊	24	苏博美利奴羊（2014）
5	敖汉细毛羊	15	青海高原毛肉兼用半细毛羊	25	察哈尔羊（2014）
6	中国美利奴羊	16	鄂尔多斯细毛羊	26	高山美利奴羊（2015）
7	中国卡拉库尔羊	17	呼伦贝尔细毛羊	27	象雄半细毛羊（2018）
8	云南半细毛羊	18	科尔沁细毛羊	28	鲁西黑头羊（2018）
9	新吉细毛羊	19	乌兰察布细毛羊	29	乾华肉用美利奴羊（2018）
10	新吉细毛羊	20	兴安毛肉兼用细毛羊	30	戈壁短尾羊（2019）
引进品种					
1	夏洛来羊	4	德国肉用美利奴羊	7	特克赛尔羊
2	考力代羊	5	萨福克羊	8	杜泊羊
3	澳洲美利奴羊	6	无角陶赛特羊		

十一、山羊

序号	品种名称	序号	品种名称	序号	品种名称
地方品种					
1	西藏山羊	21	伏牛白山羊	41	美姑山羊
2	新疆山羊	22	麻城黑山羊	42	贵州白山羊
3	内蒙古绒山羊	23	马头山羊	43	贵州黑山羊
4	辽宁绒山羊	24	宜昌白山羊	44	黔北麻羊
5	承德无角山羊	25	湘东黑山羊	45	凤庆无角黑山羊
6	吕梁黑山羊	26	雷州山羊	46	圭山山羊
7	太行山羊	27	都安山羊	47	龙陵黄山羊
8	乌珠穆沁白山羊	28	隆林山羊	48	罗平黄山羊
9	长江三角洲白山羊	29	渝东黑山羊	49	马关无角山羊
10	黄淮山羊	30	大足黑山羊	50	弥勒红骨山羊
11	戴云山羊	31	西州乌羊	51	宁蒗黑头山羊
12	福清山羊	32	白玉黑山羊	52	云岭山羊
13	闽东山羊	33	板角山羊	53	昭通山羊
14	赣西山羊	34	北川白山羊	54	陕南白山羊
15	广丰山羊	35	成都麻羊	55	子午岭黑山羊
16	尧山白山羊	36	川东白山羊	56	河西绒山羊
17	济宁青山羊	37	川南黑山羊	57	柴达木山羊
18	莱芜黑山羊	38	川中黑山羊	58	中卫山羊
19	鲁北白山羊	39	古蔺马羊	59	牙山黑绒山羊（2012）
20	沂蒙黑山羊	40	建昌黑山羊	60	威信白山羊（2018）
培育品种					
1	关中奶山羊	5	雅安奶山羊	8	罕山白绒山羊（2010）
2	崂山奶山羊	6	文登奶山羊（2009）	9	晋岚绒山羊（2011）
3	南江黄羊	7	柴达木绒山羊（2010）	10	云上黑山羊（2019）
4	陕北白绒山羊				
引进品种					
1	萨能奶山羊	3	波尔山羊		
2	安哥拉山羊	4	努比亚山羊		

十二、马

序号	品种名称	序号	品种名称	序号	品种名称
			地方品种		
1	阿巴嘎黑马	11	贵州马	21	岔口驿马
2	鄂伦春马	12	大理马	22	大通马
3	蒙古马	13	腾冲马	23	河曲马
4	锡尼河马	14	文山马	24	柴达木马
5	晋江马	15	乌蒙马	25	玉树马
6	利川马	16	永宁马	26	巴里坤马
7	百色马	17	云南矮马	27	哈萨克马
8	德保矮马	18	中甸马	28	柯尔克孜马
9	甘孜马	19	西藏马	29	焉耆马
10	建昌马	20	宁强马		
			培育品种		
1	三河马	6	渤海马	11	张北马
2	金州马	7	山丹马	12	新丽江马
3	铁岭挽马	8	伊吾马	13	伊犁马
4	吉林马	9	锡林郭勒马		
5	关中马	10	科尔沁马		
			引进品种		
1	纯血马	4	卡巴金马	7	阿拉伯马
2	阿哈—捷金马	5	奥尔洛夫快步马	8	新吉尔吉斯马
3	顿河马	6	阿尔登马	9	温血马

十三、驴

序号	品种名称	序号	品种名称	序号	品种名称
			地方品种		
1	太行驴	9	苏北毛驴	17	佳米驴
2	阳原驴	10	淮北灰驴	18	陕北毛驴
3	广灵驴	11	德州驴	19	凉州驴
4	晋南驴	12	长垣驴	20	青海毛驴
5	临县驴	13	川驴	21	西吉驴
6	库伦驴	14	云南驴	22	和田青驴
7	泌阳驴	15	西藏驴	23	吐鲁番驴
8	庆阳驴	16	关中驴	24	新疆驴

十四、骆驼

序号	品种名称	序号	品种名称	序号	品种名称
地方品种					
1	阿拉善双峰驼	3	青海骆驼	5	新疆准噶尔双峰驼
2	苏尼特双峰驼	4	新疆塔里木双峰驼		
引进品种					
1	羊驼				

十五、兔

序号	品种名称	序号	品种名称	序号	品种名称
地方品种					
1	福建黄兔	3	四川白兔	5	九疑山兔（2010）
2	万载兔	4	云南花兔	6	闽西南黑兔（2010）
培育品种					
1	中系安哥拉兔	6	塞北兔	11	康大2号肉兔（2011）
2	苏系长毛兔	7	豫丰黄兔	12	康大3号肉兔（2011）
3	西平长毛兔	8	浙系长毛兔（2010）	13	川白獭兔（2015）
4	吉戎兔	9	皖系长毛兔（2010）		
5	哈尔滨大白兔	10	康大1号肉兔（2011）		
引进品种					
1	德系安哥拉兔	4	比利时兔	7	力克斯兔
2	法国安哥拉兔	5	新西兰白兔	8	德国花巨兔
3	青紫蓝兔	6	加利福尼亚兔	9	日本大耳白兔

十六、犬

序号	品种名称	序号	品种名称	序号	品种名称
地方品种					
1	北京犬	5	蒙古犬	9	哈萨克牧羊犬
2	巴哥犬	6	藏獒	10	西林矮脚犬
3	山东细犬	7	沙皮犬	11	贵州下司犬
4	中国冠毛犬	8	西施犬		
培育品种					
1	昆明犬				
引进品种					
1	德国牧羊犬	8	大白熊犬	15	圣佰纳犬
2	史宾格犬	9	吉娃娃犬	16	贵宾犬
3	拉布拉多犬	10	边境牧羊犬	17	英国可卡犬
4	罗威纳犬	11	阿富汗犬	18	喜乐蒂牧羊犬
5	马里努阿犬	12	比格犬	19	老英国牧羊犬
6	杜宾犬	13	阿拉斯加雪橇犬	20	萨摩耶德犬
7	大丹犬	14	比熊犬		

十七、鹿

序号	品种名称	序号	品种名称	序号	品种名称
地方品种					
1	吉林梅花鹿	2	东北马鹿	3	敖鲁古雅驯鹿
培育品种					
1	四平梅花鹿	5	双阳梅花鹿	9	伊河马鹿
2	敖东梅花鹿	6	西丰梅花鹿	10	琼岛水鹿
3	东丰梅花鹿	7	清原马鹿	11	东大梅花鹿（2019）
4	兴凯湖梅花鹿	8	塔河马鹿		
引进品种					
1	新西兰赤鹿				

十八、毛皮动物

序号	品种名称	序号	品种名称	序号	品种名称
地方品种					
1	乌苏里貉				
培育品种					
1	吉林白貉	4	山东黑褐色标准水貂	7	金州黑色标准水貂
2	吉林白水貂	5	东北黑褐色标准水貂	8	明华黑色水貂（2014）
3	金州黑色十字水貂	6	米黄色水貂	9	名威银蓝水貂（2018）
引进品种					
1	银蓝色水貂	3	北美赤狐	5	北极狐
2	短毛黑色水貂	4	银黑狐		

十九、蜂

序号	品种名称	序号	品种名称	序号	品种名称
地方品种					
1	北方中蜂	6	海南中蜂	11	东北黑蜂
2	华南中蜂	7	阿坝中蜂	12	新疆黑蜂
3	华中中蜂	8	滇南中蜂	13	珲春黑蜂
4	云贵高原中蜂	9	西藏中蜂	14	西域黑蜂
5	长白山中蜂	10	浙江浆蜂		
培育品种					
1	喀（阡）黑环系蜜蜂品系	4	国蜂213配套系	7	晋蜂3号配套系
2	浙农大1号意蜂品系	5	国蜂414配套系	8	中蜜一号蜜蜂配套系（2015）
3	白山5号蜜蜂配套系	6	松丹蜜蜂配套系		
引进品种					
1	意大利蜂	4	卡尼鄂拉蜂	7	喀尔巴阡蜂
2	美国意大利蜂	5	高加索蜂	8	塞浦路斯蜂
3	澳大利亚意大利蜂	6	安纳托利亚蜂		
其他蜜蜂遗传资源					
1	大蜜蜂	4	黑小蜜蜂	7	切叶蜂
2	小蜜蜂	5	熊蜂	8	壁蜂
3	黑大蜜蜂	6	无刺蜂		

注：《中国畜禽遗传资源名录》收录品种为《中国畜禽遗传资源志》（2011年版）收录的品种及截至2019年末国家农业农村部公告认定的地方品种和培育品种

附录2　国家级畜禽遗传资源保护名录

中华人民共和国农业部公告第 2061 号

根据《畜牧法》第十二条的规定，结合第二次全国畜禽遗传资源调查结果，我部对《国家级畜禽遗传资源保护名录》（中华人民共和国农业部公告第 662 号）进行了修订，确定八眉猪等 159 个畜禽品种为国家级畜禽遗传资源保护品种。

特此公告。

附件：国家级畜禽遗传资源保护名录

农业部

2014 年 2 月 14 日

国家级畜禽遗传资源保护名录

一、猪

八眉猪、大花白猪、马身猪、淮猪、莱芜猪、内江猪、乌金猪（大河猪）、五指山猪、二花脸猪、梅山猪、民猪、两广小花猪（陆川猪）、里岔黑猪、金华猪、荣昌猪、香猪、华中两头乌猪（沙子岭猪、通城猪、监利猪）、清平猪、滇南小耳猪、槐猪、蓝塘猪、藏猪、浦东白猪、撒坝猪、湘西黑猪、大蒲莲猪、巴马香猪、玉江猪（玉山黑猪）、姜曲海猪、粤东黑猪、汉江黑猪、安庆六白猪、莆田黑猪、嵊县花猪、宁乡猪、米猪、皖南黑猪、沙乌头猪、乐平猪、海南猪（屯昌猪）、嘉兴黑猪、大围子猪

二、鸡

大骨鸡、白耳黄鸡、仙居鸡、北京油鸡、丝羽乌骨鸡、茶花鸡、狼山鸡、清远

麻鸡、藏鸡、矮脚鸡、浦东鸡、溧阳鸡、文昌鸡、惠阳胡须鸡、河田鸡、边鸡、金阳丝毛鸡、静原鸡、瓢鸡、林甸鸡、怀乡鸡、鹿苑鸡、龙胜凤鸡、汶上芦花鸡、闽清毛脚鸡、长顺绿壳蛋鸡、拜城油鸡、双莲鸡

三、鸭

北京鸭、攸县麻鸭、连城白鸭、建昌鸭、金定鸭、绍兴鸭、莆田黑鸭、高邮鸭、缙云麻鸭、吉安红毛鸭

四、鹅

四川白鹅、伊犁鹅、狮头鹅、皖西白鹅、豁眼鹅、太湖鹅、兴国灰鹅、乌鬃鹅、浙东白鹅、钢鹅、溆浦鹅

五、牛马驼

九龙牦牛、天祝白牦牛、青海高原牦牛、甘南牦牛、独龙牛（大额牛）、海子水牛、温州水牛、槟榔江水牛、延边牛、复州牛、南阳牛、秦川牛、晋南牛、渤海黑牛、鲁西牛、温岭高峰牛、蒙古牛、雷琼牛、郏县红牛、巫陵牛（湘西牛）、帕里牦牛、德保矮马、蒙古马、鄂伦春马、晋江马、宁强马、岔口驿马、焉耆马、关中驴、德州驴、广灵驴、泌阳驴、新疆驴、阿拉善双峰驼

六、羊

辽宁绒山羊、内蒙古绒山羊（阿尔巴斯型、阿拉善型、二狼山型）、小尾寒羊、中卫山羊、长江三角洲白山羊（笔料毛型）、乌珠穆沁羊、同羊、西藏羊（草地型）、西藏山羊、济宁青山羊、贵德黑裘皮羊、湖羊、滩羊、雷州山羊、和田羊、大尾寒羊、多浪羊、兰州大尾羊、汉中绵羊、岷县黑裘皮羊、苏尼特羊、成都麻羊、龙陵黄山羊、太行山羊、莱芜黑山羊、牙山黑绒山羊、大足黑山羊

七、其他品种

敖鲁古雅驯鹿、吉林梅花鹿、中蜂、东北黑蜂、新疆黑蜂、福建黄兔、四川白兔

附录3　广西壮族自治区畜禽遗传资源保护名录

（广西壮族自治区水产畜牧兽医局公告〔2011〕第2号）

一、猪

陆川猪、环江香猪、巴马香猪、东山猪、隆林猪、德保猪

二、鸡

广西三黄鸡、霞烟鸡、南丹瑶鸡、龙胜凤鸡、广西乌鸡、广西麻鸡

三、鸭

靖西大麻鸭、广西小麻鸭、龙胜翠鸭、融水香鸭

四、鹅

右江鹅、狮头鹅（合浦鹅）

五、牛

富钟水牛、西林水牛、涠洲黄牛、南丹黄牛、隆林黄牛

六、羊

隆林山羊、都安山羊

七、其他品种

德保矮马、天峨六画山鸡